U0191806

配电网

大数据挖掘分析方法及应用

国网宁夏电力有限公司电力科学研究院　组编

中国电力出版社
CHINA ELECTRIC POWER PRESS

内 容 提 要

本书利用大数据技术对配电网运行、供电服务等全业务链条进行了监测分析，主要内容包括配电网精准投资分析、配电网运维检修分析、配电网供电可靠性分析、配电网供电服务质量分析、配电网运营效率分析。

本书适用于从事配电网检修、运行及相关管理人员，也可作为电网管理部门、科研单位相关人员的参考用书。

图书在版编目（CIP）数据

配电网大数据挖掘分析方法及应用／国网宁夏电力有限公司电力科学研究院组编 . —北京：中国电力出版社，2021.12
ISBN 978-7-5198-6209-1

I. ①配… Ⅱ. ①国… Ⅲ. ①配电系统- 电力系统 - 数据处理 - 中国 Ⅳ. ①TM727

中国版本图书馆 CIP 数据核字（2021）第 238941 号

出版发行：中国电力出版社
地　　址：北京市东城区北京站西街 19 号（邮政编码 100005）
网　　址：http://www.cepp.sgcc.com.cn
责任编辑：陈　丽（010-63412348）
责任校对：黄　蓓　马　宁
装帧设计：赵丽媛
责任印制：石　雷

印　　刷：三河市万龙印装有限公司
版　　次：2021 年 12 月第一版
印　　次：2021 年 12 月第一次印刷
开　　本：710 毫米 ×1000 毫米　16 开本
印　　张：10
字　　数：162 千字
印　　数：0001—1000 册
定　　价：49.00 元

编委会

前　言

　　近年来电力企业通过推进信息化建设，逐步形成了以信息化应用为手段，以全面评价业务为基础，以专业分析为支撑的业务评价体系。随着电网企业运营评价业务的不断探索和深化，基于数据的业务评价分析多样性、复杂性和实时性要求逐渐增加，也暴露出一些新的问题和困难。如何更科学、更全面、更有效的分析运营数据中包含的规律、风险和内涵，最大限度地挖掘运营数据的价值，成为制约电网运行监测分析工作开展的主要问题，因此利用大数据技术解决在业务中遇到的问题成为电网运行监测工作新的探索方向。

　　本书利用大数据技术对配电网精准投资、配电网运维检修、配电网供电可靠性、配电网供电服务质量以及配电网运营效率提升进行了全面的分析。通过分析，充分挖掘设备运行、设备投资、供电服务等关键业务的数据价值，找准业务提升短板，定位企业管理弱项，为配电网高质量发展提供管理抓手。同时在存量数据分析基础上实现预测分析，构建业务评估体系，预测故障发生概率、设备运行风险，提升配电网运营监测实用化水平，为配电网精益管理和发展规划提供数据支撑，对配电网高质量发展起到了积极的推动作用。

　　本书适用于从事配电网检修、运行及相关管理人员，也可作为电网管理部门、科研单位相关人员的参考用书。

　　由于时间仓促，编写人员水平有限，书中难免存在疏漏与不妥之处，敬请广大读者批评指正。

编　者

2021 年 8 月

目　录

前言

1	**概述**	1
1.1	电力大数据的基本概念	1
1.2	电力大数据常用的分析场景	3
1.3	电力大数据的主要分析方法	4
1.4	配电网数据资源情况	7
1.5	配电网大数据应用前景与挑战	8
2	**配电网精准投资分析**	11
2.1	配电网检修成本分析	11
2.2	配电网营销成本分析	14
2.3	配电网投资效益研判	20
2.4	规划投资建议与策略	27
3	**配电网运维检修分析**	29
3.1	负荷精准预测分析	29
3.2	配电网设备运行状态监测	34
3.3	配电网设备缺陷分析	36
3.4	配电网运维与气象数据融合分析	41
3.5	配电网拓扑关系优化分析	45
3.6	配电网电源点自动识别	53
4	**配电网供电可靠性分析**	61
4.1	配电网户均停电时间分析	61
4.2	配电网户均配电变压器容量分析	65
4.3	配电变压器重、过载风险预警分析	70
4.4	配电网低电压成因监测分析	75
4.5	配电网可开放容量智能分析	81
4.6	配电网台区综合评价分析	88
5	**配电网供电服务质量分析**	95
5.1	配电网故障抢修精益化分析	95
5.2	电费回收风险预测	104
5.3	分时电价执行效果分析	110

5.4　客户异常用电行为分析 ·· 114

5.5　业扩报装全流程分析 ··· 121

6　配电网运营效率分析 ·· 128

6.1　配电网运营效率评价 ··· 128

6.2　配电网供电能力评价 ··· 134

6.3　配电网降损动态评价 ··· 141

6.4　配电网运营评价分析模型优化 ································ 146

参考文献 ··· 151

1

概　　述

1.1　电力大数据的基本概念

1.1.1　大数据基本概念

大数据研究专家维克托·迈尔·舍恩伯格博士曾在他的著作中提到过：世界的本质就是数据。在人类认识大数据之前，世界原本就是由各种各样的数据组成的，只是受限于知识、技术及社会发展的成熟程度，直到现代社会在互联网高速发展的带动下，数据的收集、存储、处理、分析技术有了重大的突破，人们才逐渐意识到数据中蕴含的巨大力量，并且将数据分析结果应用于业务经营、决策制定等活动中，大数据相关的各种技术也被归纳总结成体系性知识供大家学习交流。

广义上的大数据是指由物理世界到数字世界的映射和提炼的、无法在一定时间内用常规软件工具对其内容进行抓取、管理和处理的数据集合。这些数据集经过计算分析可以揭示主体对象的特征及某方面相关的模式和趋势。狭义上的大数据是指通过获取、存储、计算分析，从大容量数据中挖掘价值的一种技术架构，是一系列和海量数据相关的抽取、集成、管理、分析、解释技术，是一个庞大的框架系统。在理解大数据的概念时，先来回顾一下现代社会有组织、有目的的利用大型数据集的发展历史，如图 1-1 所示。

2005 年左右，互联网用户使用 Facebook、YouTube 及其他在线服务时生成了海量数据，量级相较于传统业务达到 TB、PB 级别，且数据量还在不断增长，数据从业者们开始关注如何解决海量数据的存储及处理问题，在同一年分布式计算框架 Hadoop 产品问世，之后各行业陆续将其引入到自己的数据系统建设当中。

2013 年，中国电机工程学会信息化专委会发布《中国电力大数据发展白皮书》，书中将 2013 年定为中国大数据元年，电力大数据的研究热潮逐渐拉开序幕。电网架构中通过使用智能电能表及其他智能终端设备采集电力系统的运行数据，数据采集频率不断增加。此外，电网维护、营销等管理过程中均产生大量数据，电力系统数据体量逐年增长。有了海量的数据，如何有效利用数据使之产生价值，成为大数据分析应用的核心问题，数据分析、数据可视化技术、数据挖掘、机器学习、人工智能等大数据分析技术在数据量高速增长的这一时期经历了一系列快速的技术变革与发展。

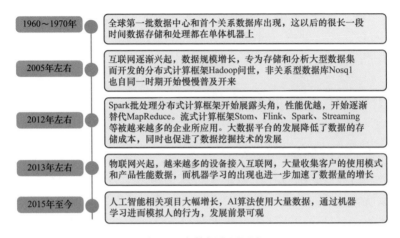

图 1-1　大数据发展历史

1.1.2　电力大数据的定义及特点

电力大数据是指在发电、输电、变电、配电、用电和调度各环节采集、加工与分析而取得的电力相关业务数据集合。顾名思义，电力大数据来源于上述六大环节，通过传感器、智能设备、视频监控设备、音频通信设备、移动终端等信息传递介质收集海量数据，种类丰富、结构多样，可大致分为三类。

（1）电网运行、设备检测或监测数据。数据主要来源于生产管理系统（Power Management System，PMS）、电网调度管理系统、故障管理系统、图像监控系统、能量管理系统、电网地理信息系统（Geographic Information System，GIS）等。

（2）电力企业营销数据。如交易电价、售电量、用电客户信息等数据。数据主要来源于营销业务系统、用电信息采集系统、95588 客户服务系统、电能服务管理平台等。

（3）电力企业管理数据。包括电网内部行政管理的一些数据，主要包含协同办公系统、企业资源计划（Enterprise Resource Planning，ERP）系统、财务管控系统等。

除了电力系统内部的数据，与电力系统运行和维护有着重要关系的外部数据也需要纳入管理和分析，比如天气数据、市政数据、互联网及物联网数据、电动汽车 GPS 数据等。

电网数据覆盖面广、结构复杂，电力需求关系到民生的方方面面，数据有以下特点：

（1）数据体量大。电力系统的运行实时数据量大，常规的调度自动化系统包含数十万个采集点；配电、用电数据中心达到千万级，且各环节业务的数据增长远比预期要快。

（2）数据类型多。存在各类结构化、半结构化以及非结构化数据类型。以非结构化数据为例，包括各变电站大量的视频监控设备产生的视频数据、客服与用户沟通留下的语音数据、无人机巡检产生的图片数据、办公系统流转过程中的各种类型的电子文件等。不同种类数据蕴含着独特的配电网规律信息，需将数据可视化加工之后才能准确直观地表达深层次价值。

（3）价值密度低。电网生产领域的设备检测数据、电网运行数据，采集到的大多数数据是正常数据，表现的是电网设备处于正常运行状态。但在电网运行管理过程中，异常状态的数据直接关系电网安全稳定运行，这些极少量的数据具有极大的应用价值，是设备状态检修的最重要依据。

（4）处理速度快。以电网运行控制领域为例，要求在几分之一秒内对大量数据进行分析，以支持控制决策。

（5）安全性。电网设备运行、营销、电力交易管理等系统，对数据实时性、精确性、保密性要求都比较高，在数据收集、处理、调用、分析等多个流转环节，都必须保证数据质量，以避免因为数据丢失、泄密带来的损失。

1.2 电力大数据常用的分析场景

电力大数据来源于电力生产和电能使用的六大环节，其中，配电网处于电网的末端，与用户直接相联，其网络连接复杂、规模庞大，设备种类繁杂，维护难度大，一直是制约电网可靠性的主要瓶颈之一。配电网的调度、运行和营销等环节每天都会产生海量的数据，从配电网的统计数据实现对电网的实时监控，为辅助决策的制定提供数据支持。利用大数据分析手段，对电网运营情况进行诊断、优化和预测，为电网实现安全、可靠、经济、高效的运行提供保障。在电力业务中，大数据常用的分析场景有：

（1）电网日常监测及维护。通过日常电网运行指标统计，全面掌握电网各环节运行现状，控制或调整网络中的发电和负载状态，管理电网各节点设备，及时发现、诊断故障并快速解决问题，保障用户的用电可靠性。在配电、用电方面，对运营数据及用电数据的统计分析可以了解电力负荷的配置情况、企业用户及居民用户的用电行为及特征，为配电网的运营和整体规划提供数据基础，同时可以让政府职能部门了解当前的经济发展现状，为政府决策提供数据支撑。

（2）提升运营效率，改善客户体验。运营效益包括收益保证、电力产品管理、资产管理和支撑功能优化等，用运营数据等分析结果为依据制定计划、改进措施，不断地调整方向、优化方案，稳步提升运营效益。通过分析客户用能及 95598 业务数据，了解客户的用电特征并及时处理客户在用电过程中的问题，通过客户关系优化、主动营销以及定制优惠用电策略来改善客户体验，达到和客户互动的良性循环。

（3）电网负荷预警及预测。随着科技的发展，琳琅满目的电器产品越来越多地进入人们的工作生活中，给人们带来便利的同时也增加了用电负荷。用电负荷的变化通常呈现出季节特征，特别是在夏天炎热季及冬天采暖季，用电负荷剧增。电网设备长期处于高负荷运行状态对设备损害是巨大的，为了实行设备的经济运行，可对电网设备重载、过载的临界状态给予警示，对于频繁预警的情况应及时调整用电负荷和配电网规划。电网负荷变化受多方面因素的影响，其预测结果对后续工作有重大意义，负荷预测可以为电力调度部门制定供电计划、配电市场交易提供数据依据，同时可以影响到配电网规划当中所有配电电源安全布置点，直接关系着配电网的安全运行。

（4）异常用电行为识别。窃电现象和其他不当用电行为长期存在，擅自调整接线及配电网络结构，不但给配电网的安全稳定运行带来隐患，也会给电力企业带来经济损失。借助大数据技术，通过异常用电数据识别模型发现异常用电行为，及时采取措施，保证电网的安全性，降低经济损失。

（5）电网设备预测性维护。电网设备的基础信息（例如设备年份、型号、容量等）以及非结构化数据（包括数以百万计的日志条目、传感器数据、错误消息等）中隐含着可供预测设备故障的信息，通过分析这些数据，可以在事故发生前识别潜在的问题，更加经济高效地安排设备运维活动，最大限度地延长设备的正常运行时间，从而降低配电网络运营成本。

1.3　电力大数据的主要分析方法

电力大数据分散于多个业务系统，数据量大且数据结构种类多样，给数据分析工作开展带来了一定的难度。借助于大数据平台、数据中台等大数据管理集成系统，多个源数据汇集至一起，分析人员可以针对不同的业务场景及数据特征选择合适的分析方法以达到分析目的。大数据分析可以分为描述和预测，描述反映数据中的对象特征和未知模式，通过分析获得对分析对象的理解；预测类分析是使用数据集中的变量集合来预测我们所关注的其他变量的未知或未来的值。

传统描述类分析多是利用均值、标准差、汇总量、分位数、比率等描述性统计量结合图表直观地展示数据特征，多角度全方位刻画分析对象的特点，即所谓的"画像"技术。例如各个行业、城镇居民、乡村居民其用电需求和用电数据上的差异性，采用大数据"画像"技术，全面地描述每类用户的特征。为了更直观地以可读形式展示分析结果，向相关人员传递有效信息，可采用大数据可视化技术，将数据转换为图形或图像形式，增强数据分析结果的呈现效果。利用大数据"画像"技术和可视化技术，展示电网运行状态中的每个环节关键指标数据、客户用电特征等，可为管理层提供辅助决策支持和依据，为电网结构规划提供数据参考。

预测类分析的方法较为多样，伴随着大数据技术的发展，对于不同数据结构、不同量级、不同业务场景的数据可选取的方法有多种，电力大数据应用中常用的分析及模型有以下几种。

（1）聚类分析。聚类用于将数据分割成多个类或子集，聚类分析中分类的数量是未知的。常见的聚类方法有划分式聚类法、层次化聚类法、基于密度的聚类法、基于网格的聚类法、基于模型的聚类法等。在负荷分析方面，提取配电网调度系统和负荷监测中不同区域、不同类型的用户负荷曲线，进行负荷特性聚类分析，为电力公司营销和负荷管理提供依据；在配电网运维方面，通过分析配电网线路和设备故障信息，形成具有相似变化的曲线簇，可更好地估计和抑制故障带来的影响；在电力营销方面，利用海量营销数据、电力生产数据，开展电力敏感客户分析，准确识别和量化分析敏感客户信息，为制定有针对性的精细化客户服务策略提供支撑，控制电力服务人工成本的同时，提升企业形象；在用户用电方面，可采用聚类方法监测离群对象，以判别是否为异常用户以及故障情况等。

（2）回归预测。回归预测的目的是找到一个联系输入变量和输出变量的最优模型，即响应变量 Y 与多个变量 X_1，X_2，…，X_3 之间的相互依存关系，得到一个回归方程，利用函数计算预测结果。在预测电力负荷的场景下通常采用多元回归预测，根据过去的负荷历史资料，建立数学模型，实现对未来的负荷预测，多元回归常用来预测中期负荷。在发电环节，可采用线性回归预测方法利用历史数据对风电和光伏发电站未来一段时间发电量进行预测。

（3）时间序列分析。时间序列分析法也称为时间序列预测法、历史外推法或外推法。用时间序列分析的数据一般具有明显的季节性特征或时间趋势。对于不同特性的时间序列数据，可有针对性地选择模型算法，常用的模型包括：自回归模型（Autoregressive Model，AR）、移动平均模型（Moving Average，MA）、自回归-移动平均模型（Autoregressive Average Model，ARMA）。对于非平稳的时间序列，可以用差分整合移动平均模型（Autoregressive Integrated Average Model，ARIMA），对于周期性时间序列，则可以用

X-12-ARIMA 模型。时间序列分析是将时间序列作为随机过程来研究，假设所分析的时间序列是由某个随机过程产生的，然后用时间序列的原始数据建立一个描述该过程的模型，并进行参数估计。负荷预测中常用时间序列分析来预测短期负荷。

（4）分类分析。分类是通过训练产生的分类函数或分类模型将数据对象映射到两个或多个给定类别的方法。从机器学习的观点，分类分析是一种有监督的学习，即其训练样本的分类属性的值是已知的，通过学习过程形成数据对象与类标示间对应的知识，这类知识也可称为分类规则。分类通过已训练好的模型或分类规则来预测、标记未知的数据类。分类方法包括决策树归纳法、K 最近邻法、向量空间模型法、贝叶斯分类法、支持向量机模糊分类及神经网络法等。在配电网配电变压器故障识别和诊断中，可以通过贝叶斯分类方法将变压器故障分类为内部或外部的接地和短路故障。

（5）神经网络。神经网络是人工智能算法的一种，在电力行业，多用于电力负荷预测、电力现货市场价格预测、风电发电预测、配电网设备故障类型识别等。神经网络在负荷预测上的应用主要分为人工神经网络（Artificial Neural Network，ANN）和递归神经网络（Recurrent Neural Network，RNN），其中 RNN 相对 ANN 来说更有效，该算法选取过去一段时间的负荷作为训练样本，构建适宜的网络结构，用某种训练算法对网络进行训练，使其满足精度要求之后，将此神经网络作为负荷预测模型，实践证明人工网络短期预测有较好的精度。

（6）模糊预测。模糊预测是建立在模糊数学理论上的一种新技术，模糊数学的概念可以描述电力系统中的一些模糊现象，例如负荷预测中的天气状况的判断、负荷的日期类型的划分等关键要素。模糊聚类法、模糊相似法优先比法和模糊最大贴近程度法可用于负荷预测可以更好地处理负荷变化的不确定性。在实际应用中，单纯的模糊方法对于短期负荷预测，精度难以满足要求，其优点是预测结果可以预测区间及概率的形式描述。

除了上文列出的算法，传统的算法还有弹性系数法、专家系统法、灰色预测方法等，以及机器学习中的支持向量机（Support Vector Machine，SVM）。随着大数据技术不断发展，深度学习、机器学习、人工智能的各种算法越来越多的应用到电力生产、营销以及电网运维的场景中，应用一种或多种方法组合构成一个挖掘分析的解决方案已经越来越普遍。面对电网的海量数据及其他相关外部数据，目前所做的大数据分析工作及成果也只是一小部分，还有大量的未知信息及相关信息未被发现，需要电网企业监测分析人员不断尝试、大胆创新，为电力大数据的应用开拓新方向。

1.4　配电网数据资源情况

随着能源互联网建设步伐不断推进和居民用电需求的增长，配电网一直在不断地改造和扩建，其规模也在不断扩大，一些中、大型城市的中压馈线已达到或超过千条。对于有千条馈线的配电网，它会产生海量异构和多态的配电网数据。从数据来源的角度，可将海量的配电网数据分为企业量测数据、运营数据、外部数据三类，这三类数据彼此作用，共同服务于智能配电网的运行与发展。从数据结构的角度，可将配电网数据分为结构化数据与非结构化数据。结构化数据存储在数据库里，可以用二维表结构来逻辑表达，配电网中的大部分数据都是此形式。随着分布式能源、电动汽车及其配套设施在主动配电网中的大量出现，结构化配电网数据还将呈井喷式增长。相对于结构化数据，无法用二维表结构来逻辑表达的数据即称为非结构化数据，这部分数据主要包括线路、设备的监测图片和视频、设备检修管理日志信息等，这部分数据同样增长迅速。在信息化建设的过程中，能够采用关系型数据库处理的结构化数据约占企业数据总量的 20％，而其他 80％的非结构化数据则无法完全采用关系数据库。

随着分布式电源、直流配电网、储能装置、电力电子设备的出现，配电网数据量激增、数据类型呈现多样化的特点，导致配电网的系统结构、运行方式和故障特性更加复杂，传统故障分析方法和保护方案难以完全适用。例如现有的配电网技术对于激增的海量异构数据，一般使用周期采集方式，而这种采集方式不能完整的记录电网变化的全部细节和有效的分析电网运行数据情况，对于电网短时事件（例如跳变、冲击负荷等）无法进行有效的记录与分析。同时，现有的配电网设备辅助分析系统对设备运行状态的评价和分析能力有所欠缺，不能及时掌握和诊断设备的现时运行状况及预测未来可能发生的风险。因此，对海量的配电网数据进行科学快速的分析和评估，对保证配电网供电的安全性和可靠性是十分必要的。智能配电网与传统的配电网相比，具有更高的安全性、更高的电能质量及故障分析与诊断能力。同时，近年来大数据及数据挖掘等新技术的出现和进步，为智能配电网发展提供了新的技术手段。为更好地实现智能配电网精益化管理，实现对配电网运行状态的真实还原、精细分析和精准预测，实现配电网运行数据的及时记录与预测分析提供了技术支撑。

智能配电网信息化、自动化水平的提高，以及分布式能源、电动汽车及其配套设施在主动配电网中大量出现，使得配电网表现出多耦合、交互性强、随机性高的特点。配电网在运行的时候还会产生很多的数据，这些数据具有规模大、类型多、变化快等明显特征。应用大数据技术进行配电网挖掘分析，在以下几个方面具有突出作用。

（1）优化配电网系统。在我国配电网发展进程中，配电网的电压质量差、供电缺乏稳定性是常见的问题，这些问题影响了配电网的供电性能，阻碍了电力系统的发展。在大数据技术的应用下，智能配电网技术的出现，大数据技术通过智能数据采集系统对配电网数据进行实时的监控，为配电网运行过程的调整起到了良好的指导作用，有效地丰富了配电网运行过程的管控手段，优化了配电网系统。

（2）丰富电力数据信息。在配电网规划中，应用大数据技术可以实现数据信息的丰富性，比如历史电力数据、市场数据、环境数据、经济数据等都可以方便地利用和分析。以海量的电力数据信息为基础，结合大数据先进的设计理念，使得配电网规划更为合理。借助电力大数据分析，可以注入更多先进可靠的规划理念，引进复杂多元化的分布式供电理念，使得配电网规划从单一目标转化成多元化规划目标，这样进一步提升了配电网规划水平，促进配电网管理效率。

（3）提升配电网检修管理效率。大数据技术在配电网检修中发挥着重要的指导作用，配电网大数据技术的应用首先要掌握配电网宏观运行状态，之后收集整理设备数据信息，诊断设备的运行状态，并且以此为依据确定诊断模式。大数据技术的应用可以让设备状态评估有丰富的数据基础，使得评估的结果更加准确可靠。大数据技术可以对设备的运行本体因素和非本体因素产生综合影响，为设备状态和网络运行状态的分析更加科学，使得采用的检修方案更加合理，从而提升了配电网检修的管理效率。

（4）丰富配电网管控手段。配电网数据具有规模大结构复杂的特点，因此其管理的难度较大，这时可以充分地利用大数据的优势，发挥其高容量、快速性、多样性和价值密度低的特点，从特征化分析、聚类分析、演变分析和关联分析的角度进行多样化的数据分析和预测，得出有效分析结果，从而丰富配电网管控手段，提升配电网管理效率。

1.5　配电网大数据应用前景与挑战

近年来，大数据分析在电力系统的负荷预测、故障诊断和运营分析等方面获得了应用，基于大数据思想开展电网数据挖掘工作，不仅能使数据挖掘变得更加容易，而且多变量甚至多来源数据的关联分析使得数据的潜质被进一步挖掘，使数据变得更有价值。

基于配用电数据融合基础上的大数据应用研究，既是电力大数据研究的重点也是起点。配电系统具有地域分布广、设备种类多、网络连接多样、运行方式多变等特点。随着分布式能源、电动汽车的发展，用户系统的接入，配电系统的日益开放，外部因素如天气、社会经济政策、用户行为等对配电网这一物理系统的规划和运行产生的影响已变得不可忽视，使之面临更大的不确定性。用传统的物理建模分析方法，难以完全满足要求。与此同时，为提高智能化水平，配电系统部署了众多的监测、控制和管理设备/系统，加之用户侧系统和用户采集系统的接入，这些系统每时每刻都在产生大量的数据，这些数据与外部数据结合，构成了配电系统大数据。借助大数据技术，通过对配电系统大数据进行分析挖掘，可在负荷预测、配电系统设备管理、供电可靠性评估、停电管理、配电网规划等方面形成新的技术解决方案，有效提升配电系统的智能化水平。

大数据技术已被看作是提高配电网规划运行水平的重要技术手段。近年来，国内外在配电系统大数据应用方面开展了较多研究，如美国电力研究院的配电网现代化示范项目，旨在研究如何利用来自内部和外部的数据，提高配电网的运行、管理和规划水平，应用场景包括停电管理、设备损害评估、配电网规划、负荷预测和用户行为分析、电压/无功控制、配电效率评估、故障定位/隔离/原因识别、资产管理和设备诊断、GIS系统管理和精确性改善等；由国网上海市电力公司牵头，中国电力科学研究院等11家单位共同参与的国家863计划课题"智能配用电大数据应用关键技术"项目，研究内容包括用电预测、配电网规划和配电系统优化调度等。除重大科研项目外，研究机构、高等院校和电力公司也在配电网大数据方面做了很多尝试性研究，应用场景包括可靠性评估、电力地图开发、无功电压控制等。

总体来看，这些研究虽初步体现了配电大数据的应用价值，但也暴露出配电大数据应用研究仍面临诸多挑战。总结已有成果和经验，积极面对各方面的挑战，对于进一步推动配电大数据应用研究具有重要意义。

作为资金、技术密集型投资项目，配电网投资数额大、成本回收周期长、不确定影响因素多，因此电网公司需要优先将资金投入到最能提升电网经济性、可靠性，最符合当前地区发展需要的建设项目中。配电网作为电力系统中直接面向用户的终端环节，占据着十分重要的地位。当前配电网投资更加注重对电网供电能力的提升，而普遍缺乏对电网运营效率及投资精准性的重视。随着电网规模不断扩大，电网网架结构也愈发复杂，其建设、发展、运行、管理中产生的信息量也逐渐增大。信息化条件下，电网数据离散程度大、依赖关系松散。因此，对海量数据进行整合与分析，判断并预测电网发展的规律与趋势，可以为电网公司各级部门提供决策支撑，使投资过程更加智能化。在配电网投资方面，当前电网投入与产出的矛盾日益尖锐，对电网公司的投资管理水平和投资策略的精细化程度提出更高要求。在分析电网规模与电网公司运营效率相关影响因素后，量化不同因素对电网公司运营效率的影响，将配电网运营效率纳入投资决策的考虑因素，可以使配电网投资过程更加符合当前电网发展需求与运营效率的提升需要，提升电网企业的经营效益。配电网投资评价方面，已有的投资效益评价方法往往只采用主观或客观评价方法，无法满足当前配电网精准投资的评价效率要求。选取合理指标，构建结合主客观赋权方式的配电网精准投资综合评价模型，对投资方案进行综合评估，可以提高配电网投资决策效率，辅助电网公司相关管理人员进行配电网投资决策。

在海量数据挖掘的基础上，对配电网运营效率进行研究，量化各项因素对运营效率的影响，建立配电网精准投资决策模型，考虑配电网运营效率建立配电网精准投资评价指标体系，对投资策略进行优化与评价，使投资结果更加符合电网发展需要及运营效率提升需求。将经济发展、经营目标、企业责任等影响电网发展因素反馈至前端规划环节，从源头上提升电网企业经营效益，对提高电网发展质量和水平具有重要意义。上述问题的解决能够有效改善实际投资过程的方法论和计算分析工具，对促进电网投资精准度的提升至关重要，与此同时可创新配电网投资工作模式、指导实际投资业务。

2

配电网精准投资分析

采用大数据挖掘技术，开展配电网精准投资分析，着重研究配电网检修成本、营销成本及投资效益情况。通过分析数据变化规律和内部影响因素的互动机制，构建指标评价体系，为优化投资结构、明确投资范围、定位投资重点提供科学依据，从而指导配电网精准投资。

2.1 配电网检修成本分析

在配电网精准投资过程中，配电网检修成本是一项重要的参考指标。随着检修质量的不断提高，如何在保证安全生产的前提下用较低的投入创造更多效益，用较低的成本确保企业发展，需要对检修项目成本管理进行分析和研究。本节围绕配电网检修成本，按业务活动和电压等级分析配电网检修所发生的万元资产成本，为推进企业经济效益、管理效率、运营质量的稳步提升提供数据支撑。

2.1.1 检修成本结构及概念

检修成本主要分为人工费、材料费和其他费用。人工费主要由施工人员劳务费和税金组成；材料费相对固定，成本易把控；其他费用主要是外包等辅助项目费用，这部分浮动较大不容易管控。如何有效地分配资源，合理分配有限的成本，控制不必要的支出，成为当前配电网检修需要解决的问题。

检修主要活动分为输电运检、变电运维、变电检修、配电运检、通信设备运检和运检综合管理六个方面。

（1）输电运检。由发电厂生产的电能，传输到变电站的过程叫输电；对输电环节的架空输电线路和电缆输电线路的维护和检修叫作输电运检。

（2）变电运维。通过变电设备将各个电厂输送过来的电压进行增压或者降压再往下级传输，叫作变电；对变电站设备进行定期维护的过程叫变电运维。

（3）变电检修。变电设备分为一次设备和二次设备，一次设备直接用于控制电压和电能的电气设备，比如变压器、断路器、电力电缆等，二次设备是对一次设备进行监察、测量、控制、保护等辅助设备，如测量表、绝缘监察装置、信号装置等。变电站的设备出现老化或者故障时，需更换维修，这个过程叫作变电检修。

（4）配电运检。负责将电能分配到用户或厂站的过程称为配电；中间环节所需要的对配电线路和设备的运维检修叫配电运检。

（5）通信设备运检。在配电网环节所需要的数据传输、通信线路和设备的定期维护和检修，叫作通信设备运检。通信设备运检的目的是确保输电、变电、配电环节信息的实时性和准确性。

（6）运检综合管理。除输电、变电、配电和通信设备运检环节外，配电网检修的其他活动都属于运检综合管理。

2.1.2 分析模型和实现思路

根据配电运检业务进行成本梳理，按照电压等级、活动频次、资产价值等维度对不同属性的配电网设备、站所的成本进行监测分析，同时对检修成本进行预测分析，为制定检修成本预算提供依据，从而不断优化成本投入，为资产全寿命周期分析提供依据，同时发现成本消耗的"焦点"，进而为开展配电网资产优化管理、成本优化、投资发展提供可靠的数据支撑和依据，促进配电网的高质量发展。

应用 K-Means 聚类分析算法，感知配电网运维成本的变化情况，并对不同维度下的成本发生情况进行聚类分析，感知不同属性、类别的配电网资产成本变化规律。结合 TOPSIS 评价算法模型构建配电网运检成本综合评价模型，按照站所、单位、设备属性等维度开展投入产出比评价情况，进行排名，从而反映配电网成本优化的优劣情况。

（1）数据处理。检修活动成本数据主要来源于财务管控系统，数据主要有检修成本、资产原值、万元资产成本，从单位以及电压等级两个维度，结合"料、工、费"三方面费用形成了一套完整的检修成本分析模式。首先进行数据提取、数据整理、数据清洗和数据整合并归纳出最终所需的数据，然后对数据进行梳理、核查，最后利用大数据分析法对数据进行分析。检修成本示意表如表 2-1 所示。

表 2-1 检 修 成 本 示 意 表

电压等级	1 月	2 月	...	j 月
<1kV	E_{11}	E_{21}	...	E_{j1}
10kV	...	...	...	...
35kV	E_{13}	E_{23}	...	E_{j3}
110kV	...	...	...	...
总计	E_{1j}	E_{2j}	...	E_{jj}

1）配电网检修活动成本 E 为

$$E = \sum_{i=1}^{12} a_{ij}, i = 1, 2, 3, \cdots, 12$$

式中：j 为电压等级；a_{ij} 为 i 月检修成本总和。

2）配电网检修活动资产原值 P 为

$$P = \sum_{j=1}^{4} C_j, j = 1, 2, 3, 4$$

式中：j 为电压等级；C_j 为资产原值。

3）配电网检修活动万元资产成本 N 为

$$N = \frac{E}{P}$$

式中：E 为配电网检修活动成本；P 为资产原值。

（2）检修成本分析。当分析维度为各单位时（见图 2-1），分析万元资产成本可以有效地看出各单位万元资产成本的差距，公司 6 万元资产成本最低，检修活动成本管控最好；公司 1 万元资产成本最高，说明检修成本远高于资产原值，应当适度减少这类活动的成本预算，将检修成本控制在合理范围内。

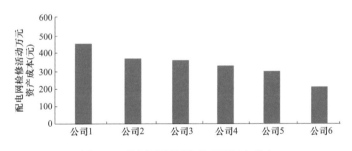

图 2-1　配电网检修活动万元资产成本

当分析维度为配电网电压等级时（见图 2-2），分析万元资产成本可以很直观地了解不同等级电压的运维检修状态，电压等级越高，万元资产成本越高，说明高电压等级的运检成本高。配电网电压万元资产成本分析能为后续建设需求和运维检修需求和计划制定提供依据，也可以更直观展示不同电压等级所产生的成本和资产的关系，有利于检修资源的有效分配。

2.1.3　应用成效

开展配电网检修成本分析，能够为配电网运营的成本优化提供依据，是实现公司预算和成本管理科学化、精益化的重要基础，是公司技术经济预测评价的重要组成部分，是推行资产全寿命周期管理的重要内容。同时，通过配电网检修成本分析，有效规范员工、班组、成本中心的信息标准，实现每一笔员工开支按费用类型进行自动归集，实现员工开支从法人层级细化到班组、到员工的精益反映，避免资源浪费，减少各个环节的成本，降低工程总成本，提高项目毛利率，有效地整合资源，使资源效率最大化，为实施精准投资提供数据支撑。

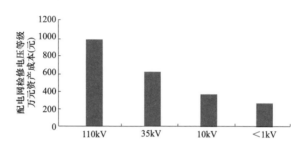

图 2-2　配电网检修电压等级万元资产成本

2.2　配电网营销成本分析

随着经济增长进入新常态，售电量增长显著放缓，收入成本增速剪刀差的矛盾进一步凸显，营销成本投入不断增长，成本管控的紧迫性进一步加大，成本投入的合理性、有效性有待科学研判。电网经营企业产品成本核算应当按照国家输配电定价相关政策规定，依据不同电压等级、用户的用电特性和成本结构，分电压等级确定输配电服务产品类别，进行成本核算。配电网营销成本是电力企业配电网投入和发展的重要组成部分，能够直观地反映在配电网服务方面的投入情况和发展趋势。因此，开展营销活动成本分析，为营销业务发展和营销投入的合理性提供数据支撑，同时为营销投入和未来拓展提供方向。

2.2.1　营销成本结构及概述

2.2.1.1　各业务活动类型

营销成本业务活动主要分为电能计量、供电服务、智能用电、用电营业、市场与能效和营销综合管理六大类。营销成本组织结构如图 2-3 所示。

（1）电能计量是指计量体系建设与运行、计量资产全寿命周期管理、计量印证统一制定和管理、电能表、低压互感器和用采设备配送；标准量传业务、室内检定业务、现场检定业务；计量监督管理、计量装置和用电信息采集系统建设与运行管理、电能计量重大故障的调查和处理等项目。

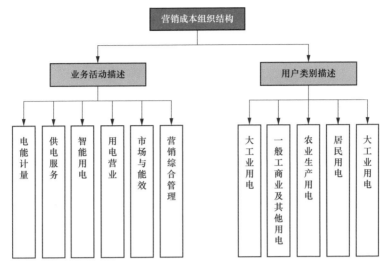

图 2-3　营销成本组织结构

（2）供电服务是指优质服务活动策划与管理、供电服务品质管理、客户满意度评价、客户关系管理、大客户管理、用电检查、反窃电、高危及重要客户安全管理、重大活动客户保电、95598 客户服务管理、供电服务突发事件应急响应、供电服务品牌推广等项目。

（3）智能用电是指电动汽车充电网络建设、客户侧分布式能源管理、电动汽车及客户侧分布式电源等新能源推广业务。

（4）用电营业是指营业业务、业扩报装及供用电合同管理、分布式电源及微网管理、销售电价执行、电费抄收管理、电费账务管理、销售侧电价测算和缴费渠道建设、营销自动化系统建设推广及业务应用、供电营业窗口规范化建设等项目。

（5）市场与能效是指销售侧电力市场分析预测、电力需求侧管理、有序用电、大用户直接交易、供电营业区管理、电力市场开拓、节能服务体系建设、能效与节能管理、企业自备电厂管理、智能小区建设、电力光纤到户等业务。

（6）营销综合管理是指在线监测营销异动和问题处理、营销现场稽查、电力设施保护技术措施实施管理、客户专线及 10kV 以下配电网线损管理、管理降损、营销业务质量管控、营销投入专项计划管理、营销作业安全管理、人员培训、部门绩效考核及综合事务等业务。

2.2.1.2　用户类别

用户类别主要分为大工业用电、居民用电、农业生产用电和一般工商业及其他用电四类，具体如图 2-4 所示。

图 2-4 用户类别

2.2.2 配电网营销成本分析框架

首先从营销活动成本的大背景着手，根据营销业务的性质与服务对象，通过营销成本业务现状，分析营销成本管理可能存在的不足，并分析数据采集可行性，明确数据采集方案；然后开展营销成本分析，将营销成本与用户数、售电量进行关联分析，形成单位用户营销成本以及单位售电量营销成本分析报告；最后采用时间序列算法对营销成本进行预测分析，从而正确地评价、科学地评估营销活动效果，提高营销活动绩效。营销成本分析框架如图 2-5 所示。

2.2.3 配电网营销成本分析实现路径

2.2.3.1 数据处理

营销活动成本数据主要来源于财务管控系统，数据主要有各业务营销成本、售电量、用户数。

（1）配电网营销业务活动成本 M 为

$$M = \sum_{n=1}^{12} a_{in}, n = 1, 2, 3, \cdots, 12$$

式中：i 为配电网营销活动类别；a_{in} 为 n 月成本总和。

（2）营销业务活动用户数 N 为

$$N = \sum b_{kn}, m = 1, 2, 3, 4$$

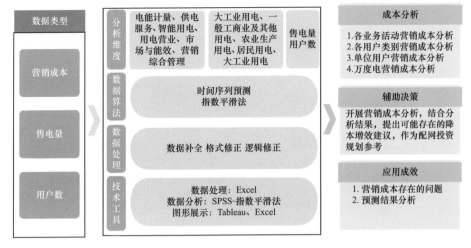

图 2-5　营销成本分析框架

式中：k 为用户类别；b_{kn} 为用户数量总和。

（3）配电网营销业务活动售电量 E 为

$$E = \sum c_{kn}, m = 1,2,3,4$$

式中：k 为用户类别；c_{kn} 为用户数量总和。

（4）单位用户营销成本 P 为

$$P = \frac{M}{N}$$

式中：M 为配电网营销成本；N 为用户数量。

（5）单位售电量营销成本 Q 为

$$Q = \frac{M}{E}$$

2.2.3.2　营销成本分析

从各业务活动、单位用户、单位售电量营销成本角度对 2019 年 1 月～2020 年 12 月营销成本变化趋势展开分析。

（1）各业务活动营销成本分析。统计连续两年各业务活动营销成本，如图 2-6 所示。

分析结果显示，两年内营销综合管理、用电营业成本均有不同程度降低，而电能计量、供电服务、市场与能效、智能用电成本均有不同程度增长，但总体营销成本呈降低趋势。营销综合管理成本最高，占 2020 年总成本的 38.46%；智能用电营销成本最低，占 2020 年总成本的 0.83%。

（2）各用户类别营销成本分析。统计连续两年各用户类别营销成本，如图 2-7 所示。

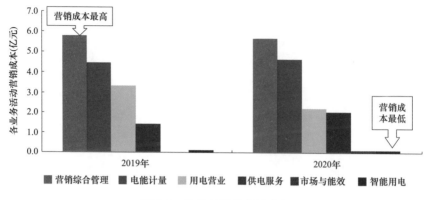

图 2-6　各业务活动营销成本

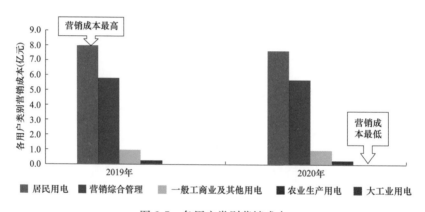

图 2-7　各用户类别营销成本

分析结果显示，与 2019 年相比，2020 年居民用电、营销综合管理、大工业用电成本有不同程度降低，而一般工商业及其他用电、农业生产用电成本均有不同程度增长，但总体营销成本呈降低趋势。居民用电营销成本最高，占 2020 年总成本的 51.58％，大工业用电营销成本最低，占 2020 年总成本的 0.48％。

（3）单位用户营销成本分析。统计各供电公司连续两年单位用户营销成本，如图 2-8 所示。

分析结果显示，两年内单位用户营销成本总体呈降低趋势。公司 1 和公司 2 降低较明显，说明各单位用户营销成本控制有效。

（4）单位售电量营销成本分析。统计各供电公司连续两年单位售电量营销成本，如图 2-9 所示。

分析结果显示，两年内各单位用户营销成本总体呈降低趋势。公司 1、公司 3、公司 4 和公司 5 较同期均有不同程度降低；公司 2 和公司 6 单位用户营销成本有所增长，所以应加强电量销售，实现降本增效。

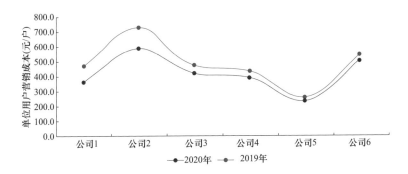

图 2-8　单位用户营销成本

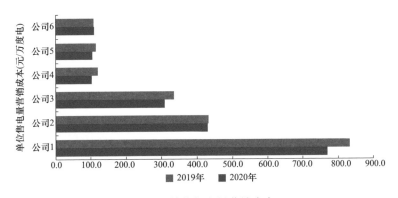

图 2-9　单位售电量营销成本

（5）营销成本预测分析。采用时间序列算法构建营销成本趋势预测模型，从而为计划预算编制、成本控制提供依据。通过运用指数平滑法，实现对营销成本的动态监测。选取 2019 年 1 月～2020 年 12 月的数据作为时间序列建模的训练样本，2021 年 1 月到 2022 年 10 月的数据作为预测区间，分析模型性能指标，平均相对误差为 0.74。从预测结果看，营销成本整体呈降低趋势。预测结果如图 2-10 所示。

2.2.4　应用成效

开展营销成本分析，为电网企业内部管理提供数据支撑，从而优化成本配置，推动成本精益化管理升级，为制定企业营销成本标准提供决策依据。在外部监管方面，使成本管理信息更透明，满足国家监审需要，推动国企改革良性发展；在营销策略方面，通过科学良好的算法，能够评价出成本收入的合理配比和平衡点，减少亏损型用户的出现，帮助用户降低损失，节能减耗。对于高价值型的用户，可以进一步推动挖掘用电潜力，提供更加优质的营销服务，实现用户与电网企业共赢的良好发展态势。

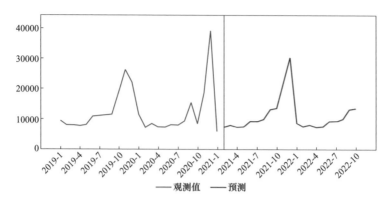

图 2-10　营销成本预测结果

2.3　配电网投资效益研判

配电网投资建设不仅可以直接影响到整个社会经济的发展，而且优质的配电网投资建设可以提高供电质量，进一步提升电网运行效率、为客户提供更好的服务。构建配电网投资效益研判体系，对支撑配电网精准投资，促进配电网精益化发展、升级、改造具有重要作用。目前，我国对于配电网投资规划方面的分析模型和方法往往侧重于配电网规划成效、安全性、可靠性等方面，缺乏对配电网全局性规划建设和投资效益论证，难以满足当前配电网发展规模大、用电负荷增长快、运行方式多变等需求。本次分析采用大数据挖掘技术，研究配电网投资的投入和产出两个方面的变化规律，构建全方位的指标评价体系，为优化投资结构、明确投资范围、定位投资重点、指导配电网精准投资提供科学依据。

2.3.1　问题分析与实现思路

（1）问题分析。目前配电网投资项目作为运检、营销、供服等专业的重要支撑点，是营配调集成业务的重要环节，更是涉及民生的基础投资。但是当前配电网投资由于投资规划的不确定性，存在配电网投资风险，极易造成资源的浪费。

（2）实现思路。借助大数据平台分析，提取运检、营销、供电服务等多个专业数据，围绕配电网投资各专业指标进行全景画像，探索实现配电网投资在本地区的立体化、精细化、专业化的数字展示，形成配电网精准投资辅助决策机制，为配电网建设投资提出最科学客观的辅助决策性建议。

2.3.2　分析方法模型

为了达到准确评价各个单位配电网投资效益情况，选择科学有效的赋权方法十分关键，目前常用的赋权方法主要包括主观赋权和客观赋权法两种。主观赋权法是在尊重专家意见的基础上的赋权方法，主要依赖专家多年的经验和知识储备，方法简单，易于操作，得出的结果不会与实际相悖，但是主观赋权过分依赖于人的主观判断，且专家素质参差不齐，容易影响到评价结果。主观赋权法主要包括层次分析法、专家意见法等。客观赋权法是基于客观数据的内在联系计算得出指标权重的赋权方法，不受主观判断的影响，得出的结果更加客观，但是由于客观赋权法依赖数据间的内在联系，当指标出现异常值时，得到的评价结果可能与实际不符。常用的客观赋值法有因子分析法、主成分分析法、神经网络法、模糊评价法、变异系数法以及熵值法等。

本节采用熵值法和变异系数法作为配电网投资效益的评价依据，使用情况评价的综合赋权方法，计算最终的使用情况得分，使得评价结果更加准确。

2.3.2.1 熵值法

"熵"最早作为热力学的概念提出，后来被引入信息理论中来，表明系统中的混淆程度；熵值越小，提供的有用信息量就越大，指标也就越重要；熵值越大，表明指标提供的有用信息越少，指标也就不太重要。

假设选取 n 家主业单位作为样本，设计 m 个评价指标，X_{ij} 表示第 i 家企业的第 j 个评价指标值（$i=1$，2，3，…，n；$j=1$，2，3，…，m）。熵值法的运算步骤如下：

（1）对原始数据进行无量纲化处理，计算第 i 家企业第 j 个指标的特征比重或者贡献值。

$$p_{ij} = \frac{x_{ij}}{\sum_{i=1}^{n} x_{ij}}$$

式中：p_{ij} 为第 i 家企业第 j 项指标的比重；x_{ij} 为第 i 家企业第 j 项指标的数值。

（2）熵值计算。计算第 j 项指标的熵值的式子为

$$e_j = -\frac{1}{\ln_n} \sum_{i=1}^{n} p_{ij} \ln_{(pij)}, 0 \leqslant e_j \leqslant 1$$

式中：e_j 为第 j 项指标的熵值；p_{ij} 为第 i 家企业第 j 项指标的比重。

（3）差异性系数计算式为

$$g_j = 1 - e_j$$

式中：g_j 为第 j 项指标的差异性系数，g_j 越大指标越重要。

（4）确定评价指标的权重 W_j，计算企业综合得分，表示为

$$W_j = \frac{g_j}{\sum_{j=1}^{m} g_j}, j = 1, 2, \cdots, m$$

式中：W_j 为第 j 项指标的权重；g_j 为第 j 项指标的差异性系数。

2.3.2.2 变异系数法

变异系数又称标准差率，是衡量资料中各值变异程度的统计量，标准差与平均值的比值称为变异系数，记为 C_v，表示为

$$C_v = \frac{\delta}{\mu}$$

式中：δ 是标准差；μ 是平均值。

变异系数的基本做法是：在评价体系中，指标取值差异越大的指标，也就是越难以实现的指标，这样的指标更能反映评价单位的差距。

为防止单个指标评价方法出现系统性误差，导致评价出现偏差，将两种方法按照比重 1∶1 进行组合，得到综合系数，计算各个单位评价得分。

2.3.3 指标分析

首先，基于配电网投资效益，以"系统性、科学性、唯一性、可操作性"为原则，构建评价体系。在资金投入方面，以"配电网资产、售电量"为体量特征，对各单位配电网投资的差异进行平衡，引入"单位配电网资产运营投入"和"单位售电量新增投入"两个指标作为投入指标；在产出效益方面，以"效能、效益、效率"三个维度进行指标选择。提升了数据评价的科学性和客观性，降低了由采集错误、线变关系错误和数据质量差等因素造成的指标数据偏差。指标体系如图 2-11 所示。

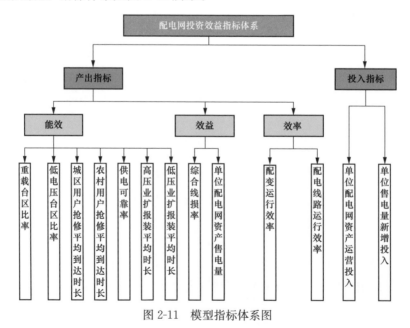

图 2-11　模型指标体系图

2.3.4 评价体系计算

配电网投资效益评价以"投入产出"概念构建评价模型，并以 2020 年配

电网投资与营配调指标监测数据开展评价分析，借助"四象限"分析法，提出降本增效重点关注单位。评价模型构建流程如图 2-12 所示。

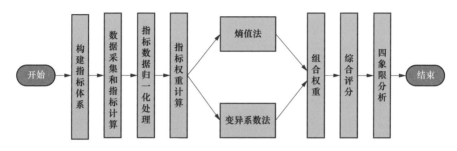

图 2-12 评价模型构建流程图

（1）指标一致化。由于不同指标的性质不同，所表达出的内容也不一致，根据指标自身属性以及量级的差异性，属性可以分为正向指标和逆向指标。正向指标数值越大表示指标表现越好，逆向指标数值越小表示指标表现越好。本节选取的 13 个指标中既有正向指标也有逆向指标，而且数据量级的差异性也较大，如果不将指标属性统一和量级统一，就无法判断最终的评价结果，具体指标的指向性详见表 2-2。

表 2-2   指 标 维 度 分 析 表

一级维度	二级维度	指标	指标属性	编码
产出	效能	重载台区比率	负向	A1
		低电压台区比率	负向	A2
		城区用户抢修平均到达时长	负向	A3
		农村用户抢修平均到达时长	负向	A4
		供电可靠率	正向	A5
		高压业扩报装平均时长	负向	A6
		低压业扩报装平均时长	负向	A7
	效益	综合线损率	负向	A8
		单位配电网资产售电量	正向	A9
	效率	配变运行效率	正向	A10
		配电线路运行效率	正向	A11
投入		单位配电网资产运营投入	负向	B1
		单位售电量新增投入	负向	B2

对配电网运营状况评价分析之前，需要对评价指标进行无量纲化处理，将不同属性的指标以及不同量级的指标转化为统一的指标。指标无量纲化

— 23 —

处理有很多方法，目前常用的方法有线性比例法、极值法、标准化法、向量规范法等，本书选取极值法作为指标无量纲化处理的方法，指标转化方法如下。

1）正向指标无量纲化处理

$$x_{ij} = \frac{x_{ij} - m_j}{M_j - m_j}$$

式中：x_{ij} 为第 i 家企业第 j 项指标的数值；M_j 为 x_{ij} 最大值；m_j 为 x_{ij} 最小值。

2）负向指标无量纲化处理

$$x_{ij} = \frac{M_j - x_{ij}}{M_j - m_j}$$

（2）无量纲化处理。依据指标一致性计算的方法，以及各个指标确定的指标属性进行相应的计算，为了数据运算处理有意义，必须消除零和负值，故需对无量纲化后的数据进行整体性平移，即 $x_{ij} = x_{ij} + a$，a 为平移幅度。但为不破坏原始数据的内在规律，最大限度地保留原始数据，a 的取值必须尽可能小，即 a 为最接近 x_{ij} 的最小值，取 $a = 0.0001$，表 2-3 为无量纲化得结果。

表 2-3　　　　　　　各单位指标无量纲数据分析表

一级维度	二级维度	指标代码	A	B	C	D	E	F
产出	效能	A1	0.544	0.961	0.000	1.000	0.985	0.902
		A2	0.787	1.000	0.000	0.918	0.984	0.951
		A3	1.000	0.876	0.459	0.000	0.407	0.125
		A4	1.000	0.981	0.852	0.000	0.992	0.870
		A5	1.000	0.925	0.208	0.453	0.113	0.000
		A6	0.124	0.000	1.000	0.607	0.736	0.383
		A7	0.381	0.439	0.000	0.228	1.000	0.326
	效益	A8	0.000	1.000	0.426	0.943	0.067	0.455
		A9	0.249	1.000	0.887	0.746	0.172	0.000
	效率	A10	0.580	0.413	0.000	1.000	0.476	0.418
		A11	1.000	0.419	0.144	0.129	0.672	0.000
投入		B1	0.337	0.403	0.000	1.000	0.424	0.443
		B2	0.697	0.977	0.926	1.000	0.619	0.000

（3）评价指标综合权重的确定。依据 2020 年 6 家公司评价指标无量纲化结果，运用熵值法的计算步骤得出各评价指标的权重，为了使权重更具有合理性，本书另外采用变异系数法进行变异系数权重的确定，再根据两个权重的按照 1∶1，对权重进行组合分析，详细情况见表 2-4。

表 2-4 各单位指标权重分析表

一级维度	二级维度	指标代码	E_j	D_j	W_j	变异系数	组合权重
产出	效能	A1	0.887	0.113	0.059	0.863	0.461
		A2	0.896	0.104	0.054	1.359	0.706
		A3	0.802	0.198	0.103	0.148	0.125
		A4	0.897	0.103	0.053	0.696	0.375
		A5	0.762	0.238	0.124	0.000	0.062
		A6	0.811	0.189	0.098	0.226	0.162
		A7	0.819	0.181	0.094	0.274	0.184
	效益	A8	0.778	0.222	0.115	0.325	0.220
		A9	0.801	0.199	0.103	0.595	0.349
	效率	A10	0.862	0.138	0.071	0.252	0.162
		A11	0.758	0.242	0.126	0.280	0.203
投入		B1	0.847	0.153	0.579	0.178	0.378
		B2	0.889	0.111	0.421	0.842	0.632

表 2-4 中的组合权重作为公司配电网投资效益评价的最终指标权重。

将得到的指标权重 W_j 与第 i 个被评价对象在第 j 个评价指标上的比值 p_{ij} 相乘，得出各个评价对象的配电网运行程度综合得分，根据分数高低再进行排名比较。综合得分 s 计算公式为

$$s = \sum_{j=1}^{m} W_j p_{ij}$$

2.3.5 应用成效

计算出各个地市公司配电网的投资效益得分，并以此进行排名，然后对各个公司 2020 年的配电网投资投入和产出进行四象限分析。表 2-5 是两个主要维度的得分以及排名分析表。

表 2-5 各单位指标得分排名情况表

公司	产出		投入	
	得分	排名	得分	排名
B	2.486	第一名	0.770	第二名
E	2.171	第二名	0.551	第五名
D	1.934	第三名	1.010	第一名
A	1.843	第四名	0.568	第四名
F	1.719	第五名	0.168	第六名
C	0.985	第六名	0.585	第三名

表 2-5 中 B 公司产出排名第一，说明 B 公司的产出效率较高，配电网运营投入效率排名第二，B 公司的综合排名较好。E 公司的配电网运营产出效率

排名第二，投入效率排在第五位，说明 E 公司形成了高产出。D 公司的配电网运营效率排在第三位，而投入效率排在第一位，说明 D 公司的投入最少，产出较高。A 公司的配电网运营产出和投入效率都在第四位，说明 A 公司的投入和产出都较为一般。F 公司的配电网运营产出和投入排名较为靠后，说明 F 公司的效率较低。C 公司的产出排名第六，产出最低，投入排名第三，说明投入较低，意味着低投入带来的低产出的效果。

为更加客观地展示评价结果，采用四象限分析模型，基于模型计算结果，以各单位投入与产出得分平均值为原点，各个公司的投入-产出情况如图 2-13 所示。

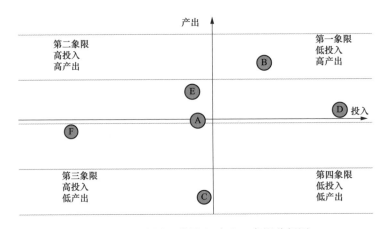

图 2-13　配电网运营投入-产出四象限分析图

配电网运营投资投入得分低但产出得分较高的公司有 B 公司和 D 公司。在产出得分方面：E 公司、B 公司和 D 公司高于公司平均水平；A 公司、F 公司和 C 公司产出均低于公司平均水平，为效益提升重点关注单位。在投入得分方面：B 公司和 D 公司均低于公司平均水平；E 公司、A 公司、C 公司和 F 公司均高于公司平均水平，为公司降本重点关注单位。基于 2020 年各公司指标数据四象限分析情况如下。

（1）第一象限（低投入高产出）：B 公司和 D 公司两家较为理想，投入得分、产出得分均好于公司平均水平。总体两家公司以 B 公司最优，而 D 公司产出得分较低，因此产出指标水平仍有待进一步提升。

（2）第二象限（高投入高产出）：E 公司产出得分接近公司平均水平。E 公司优先侧重降本，提升成本投入的有效性、合理性，以及售电量、售电收入，并在降本的同时，优化成本投入结构，提升产出指标水平。

（3）第三象限（高投入低产出）：A 公司、F 公司和 C 公司三家公司的投入、产出得分均比公司平均水平差，为公司降本增效重点关注区域。A 公司产出、投入得分均接近平均水平；C 公司投入得分接近公司平均水平，但产出得分较低；F 公司产出得分接近公司平均水平，而投入得分不理想。总体上，第三象限的公司在降低成本投入的同时，需要提升售电量、售电收入与产出效益指标水平。

（4）第四象限（低投入低产出）：目前 6 家公司没有低投入和低产出的公司，在六家公司中，D 公司需要重点提升产出效率方面，E 公司在投入方面较高，产出效率较高，需要重点提升投资的利用效率，A 公司的投入和产出效率都在均值附近，需要在两个方面都做出相应的提升，F 公司的投入相对是最大的公司，但是产出效率却在整体均值附近，因此 F 公司需要关注产出的提升，但是最重要的在投入方面，需要提升投入成本的利用效率；C 公司的投入在公司整体的均值附近，但是产出最低，C 公司需要重点提升产出效率，同时兼顾投入效率的提升。

2.4 规划投资建议与策略

投资的基本任务是在规避风险的基础上确保投资安全稳妥，全力争取投资收益。通过对配电网检修成本、配电网营销成本以及配电网投资效益分析，为配电网投资规划提供数据参考，为未来配电网精准投资提出指导性建议与策略，从而避免或减少配电网项目决策的失误。

2.4.1 规划投资建议

为确保配电网精准投资决策能够有着良好的经济效益，为电力企业的健康发展提供保障，根据大数据分析结果，对规划投资提出以下建议。

（1）考虑配电网投资项目的影响因素。通过开展配电网检修成本分析与配电网营销成本分析，结果显示检修成本、万元资产检修成本、各业务类型营销成本、单位用户营销成本、单位售电量营销成本等指标随着精益化管理的推进，数值都有所降低。但个别业务活动成本仍在增加，所以要有针对性的加强管理，实现降本增效。目前，电网公司对于此类项目没有硬性管理要求，各供电公司的管理口径、各类支出的细分颗粒度和方式并不统一，应结合省市发展实际，逐步加强营销成本管理。

（2）考虑配电网投资的投入和产出比重。通过对投资投入和产出运行效率的分析，在资金投入方面，以单位配电网资产运营、单位售电量两个指标作为投入指标；在产出效益方面，以"效能、效益、效率"三个维度进行指标评价。通过配电网投资的投入和产出比重分析，有利于找出投资薄弱点，对配电网投资项目存在的重复投资效率有很大的改善作用，能够预防配电网投资项目出现效益预估空白，有助于降低盲目投资发生。

（3）考虑配电网投资项目的合理性。通过对配电网投资效益分析，考虑配电网投资项目合理性，对配电网投资存在"弱关联"的指标，按照规范化的管理要求进行目标控制，统筹安排，适当兼顾（即此类投资项目可以在资金充足的情况下，有选择性地进行投资建设）。

2.4.2　配电网投资策略

随着电力企业精益化管理理念的不断深化，对精准投资策略、提升配电网建设成效提出了更高的要求。近年来配电网规模不断扩张，国内电力企业对于配电网精准投资的难度也在不断加大，从而降低了电力企业的经济效益。将数据挖掘技术运用到配电网精准投资策略中，通过数据挖掘来寻找电力企业配电网蕴含的投资价值。通过对项目投资的评价，提高配电网精准投资，实现电力企业电网系统的效益最大化。

（1）配电网成本是影响投资能力与投资需求测算结果的关键因素。省级电网公司应完善精益管理体系，做好检修、营销成本预算，控制好成本支出，提升未来监管周期内配电网投资能力与投资需求的测算精准度，提升投资规模预估的准确性，制定合理的投资计划，控制投资速度与质量的平衡，确保资产利用率保持较高的水平。

（2）配电网投资受到投入和产出的双重限制。采用单元制规划将改变以前"从上到下"的投资分配方式，有助于更加精准地掌握配电网资源利用和合理分配，通过单位投资效益等指标的量化分析进行决策排序，将有限的资金更加精准地投入到性能提高最明显、效率最高的环节。

（3）增加新技术投资。随着分布式电源、储能设备、电动汽车等接入比例不断增加，配电网规划建设难度不断提高，对新技术的需求也更加强烈。未来可投资涵盖配电网自动化技术、智能线路开关、电力电子技术等新技术，将这些技术投入于配电网日常运行中，促进配电网系统进一步智能化升级，提升配电网项目投资合理性，保证配电网系统的稳定运行。

3

配电网运维检修分析

配电网作为连接用户的重要环节，其运行状态的好坏直接影响着用户用电的可靠性和电能质量，与人民生活水平和国民经济发展息息相关。利用大数据分析手段，对配网负荷、配网设备运行状态、配网设备运行检修等配电网核心业务数据进行挖掘分析，让电网数据分析赋能企业管理，促进电网设备安全水平持续提升。

3.1 负荷精准预测分析

近年来，随着国民经济增长形势的不断变化，电能的需求有较大起伏，很多地区级电网同时存在着季节性缺电和局部供电过剩的问题。在这种背景下，根据历史负荷数据及其相关影响因素，结合负荷的变化规律，以电力负荷及外界因素变化为基础，以特定的数学方法或者建立数学模型的方式为手段开展负荷预测分析，准确预测电力负荷和用电需求。

负荷预测包括两方面的含义：①电力需求量预测决定发电、输电、配电系统新增容量的大小；②电量需求量预测决定发电设备的类型，如调峰机组基荷类型等。负荷预测应具备两方面的条件：①历史数据信息的可靠性；②预测方法的有效性。负荷预测的核心问题是如何利用现有的历史数据（负荷数据和气象数据等），采用适当的预测方法对未来某一时刻或时间段内的电力值和电量值进行分析预测。

3.1.1 基于 *K* 值法实现负荷预测

现有的电力负荷预测方法多是基于传统的统计分析，对数据分布和变量间的关系做假设，确定用什么概率函数来描述变量间的关系，以及如何检验参数的统计显著性，以验证假设是否成立，而无法实现自动寻找变量间隐藏的关系或规律。此外，传统的统计分析在处理实时、海量、模糊、突变的数据时效率低下，不能很好地支撑电力负荷预测相关工作开展。基于大数据技术的 *K* 值法不仅能对海量数据进行快速有效的分析，还能实现负荷预测。*K* 值法是常用的数据分析方法，广泛用于数据量大、逻辑复杂的计算。

本节考虑业扩报装因素下用电负荷的预测分析，通过同一公用变压器下的 23 类用户负载率的计算、拟合，结合各类用户实时运行容量，通过 K 值法建立基于各类用户负载率特性的负荷预测模型，模型构建流程如图 3-1 所示。

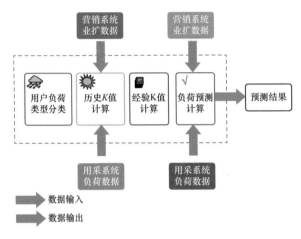

图 3-1　模型构建流程图

（1）历史 K 值计算。即使在同行业类别、同用电类型的情况下，低压用户个体所体现的用电负荷仍然会有较大的随机性和差异性，但同一类用户的生产、生活等社会活动表现出趋同特征，用电负荷在年度周期内所体现的分布特性会趋于相似。

根据 2018~2020 年公用变压器历史负荷数据、用电采集系统电量数据和营销系统客户档案数据，计算单台公用变压器下按照用电性质的类型筛选出的 23 类用户的 K 值（K 值为用户的负载率，即用户表计实际负荷与用户申请用电容量的比值），23 类用户负载率矩阵图如图 3-2 所示。

	01.01	01.02	⋯	12.31
农业用电	K_{11}	K_{12}	⋯	K_{1365}
工业用电	K_{21}	K_{23}	⋯	K_{2365}
生活用电	K_{31}	K_{34}	⋯	K_{3365}
商业用电	K_{41}	K_{45}	⋯	K_{4365}
⋮	⋮	⋮		⋮
部队用电	K_{231}	K_{236}	⋯	K_{23365}

图 3-2　23 类用户负载率矩阵图

记 23 类用户的第 i 类共有 N 个用户，其中的第 j 个用户某日的平均负荷为 p_{ij}，该用户用电容量 S_{ij}，第 i 类用户的用电容量为 S_{ij}，可得到该用户负载

率为 K_{ij}，对该类中的所有用户进行求和，可得第 i 类用户的负载率为 K_i。累计计算一年 365 天该类用户的 K 值，即得到该类用户的年用电负荷特性曲线，计算公式为：

$$K_i = \frac{\sum_{j=1}^{N} P_{ij}}{S_i} = \frac{\sum_{j=1}^{N} S_{ij} K_{ij}}{S_i}$$

（2）经验 K 值拟合。采取了加入关键帧的遗传算法模型。在计算出每年的历史 K 值矩阵并建立初步的一一对应关系后，人为设定初始关键帧，通过遗传算法优化初始关键帧，设定的初始关键帧如图 3-3 所示。根据历史关键帧的调整方案来确定经验关键帧，提升遗传算法的运行效率。接着利用插值法，将对应关键帧之间的历史同期 K 值进行最优对应映射，最后对建立映射关系的历年 K 值进行趋势分析，得到经验 K 值矩阵。

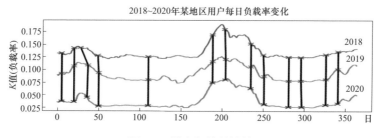

图 3-3　设定初始关键帧

（3）K 值曲线中关键帧的选取。分析发现同一天的 K 值会受到温度、节气、假期等因素的影响，如果将三年中同一天的 K 值进行拟合，来预测下一年的 K 值，会出现相差较大的情况。因此，本模型中采用了设定 K 值曲线的主要关键帧的做法，寻找和设定象征气温变化的 5 个"气温关键帧"（包含小暑、大暑、处暑、小寒、大寒），减少 K 值在历史同期的振荡差异。

（4）利用插值法对关键帧之间的 K 值建立对应关系。在加入关键帧后，两个关键帧之间的 K 值个数不同，为简化模型，通过图 3-4 所示的插值法，得到预测 K 值曲线，图中黄色为预测曲线。

根据拟合的历史 K 值经验表，开展公用变压器负荷预测，可得到一年 365 个点的公用变压器负荷预测值矩阵，即：

$$C = \left[p_1, p_2, p_3, \cdots, p_{365} \right] = \left[s_1, s_2, s_3, \cdots, s_{365} \right] * \begin{bmatrix} k_{1,1} & k_{1,2} & \cdots & k_{1,365} \\ k_{2,1} & k_{2,2} & \cdots & k_{2,365} \\ \cdots & \cdots & \cdots & \cdots \\ k_{23,1} & k_{23,2} & \cdots & k_{23,365} \end{bmatrix}$$

式中：P_{ij} 为某日的平均负荷；S_i 为用电容量；K_{ij} 为用户负载率。

某地区用户负载率随气象关键帧变化情况

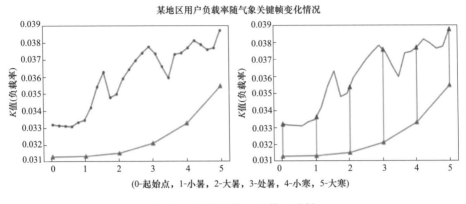

(0-起始点，1-小暑，2-大暑，3-处暑，4-小寒，5-大寒)

图 3-4　插值法建立 K 值—映射

3.1.2　典型实践案例

根据 2020 年上半年的公用变压器已知负荷数据，可以验证对比预测模型计算的误差率，并对模型进行反馈修正。图 3-5 和图 3-6 为部分台区 2020 年负荷预测情况，黄线是实际负荷曲线，蓝线是负荷预测曲线。

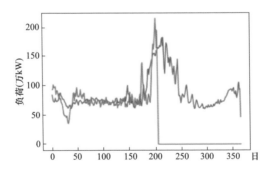

图 3-5　某省城郊区某居民台区负荷预测

从以上 2 个台区的 K 值拟合过程来看，关键帧优化后，曲线的拟合度都得到了优化。一方面证实同类用户的用电负荷特性趋同，单个个体的负荷特性随机性较大；另一方面也能证明台区用户数越多，对台区变压器负荷的影响度越大。

3.1.3　应用成效

（1）预测模型简单有效。同类基于业扩数据的配电变压器负荷预测模型，需要利用生长曲线等模拟业扩增量对负荷的影响，要考虑业扩类型、行业特性等多维度的因子变量。而此预测模型利用基于现存业扩容量与历史负载率拟合的预测方法，有效减少了模型预测的不确定因素和不可控变量。鉴于选取的负荷研究对象为用户，气象、节日、生产周期等多因素对用电的影响实际都已体现于用户每日的负荷中，简化了预测模型，并将大量的数据运算和分析工作交给机器进行处理。

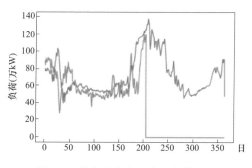

图 3-6　某省城市商业台区负荷预测

（2）利于公用变压器负荷短期预测。此模型是基于业扩数据的负荷预测，需要实时的业扩数据作为支撑。实际每日的业扩数据都处于不断变化中，每台公用变压器下低压用户的增减直接影响公用变压器的负荷。通常情况下，公用变压器下的低压用户增减、增容减容等在短期内的变化程度有限，利于预测短期负荷。

（3）预测对象精细化。与传统的配变负荷预测方法不同，此模型没有从预测配电变压器负荷的整体变化趋势出发，而是从配电变压器下属的不同用电特性的分类用户负荷着眼，对配电变压器负荷进行了"微分"，细化为"元负荷"，然后再对不同类型用户的"元负荷"分类预测并进行"积分"，实现配电变压器负荷预测更为精细化、精准化。

（4）利于营配数据融合。利用大数据分析手段，贯通整合营配数据，通过分析所收集用户的用电类别、行业分类、用电容量、计量点等信息，结合计量点中的配变设备容量（分布）信息，根据历史和新增数据，搭建配电变压器负载预测模型，实现配变负荷的大小、变化规律、周期特性、持续性等预测分析，识别和反映业扩报装与配电网运维信息不对称、工作不同步等营配不融合问题。

（5）风险管控。运用预测模型，利用大数据算法对配变负载提前预测，实现由人工分析向智能分析转变，为配电变压器精准运维提供科学支撑。可结合预警模型，建立等级预警机制，预测和预警同步推进，减少配电变压器重过载的发生，避免因配电变压器重过载造成的故障，提升生产安全系数和优质服务水平。

3.2 配电网设备运行状态监测

配电网上联电网主网架，下联千家万户，对内关系到电网企业的安全生产和电网运营，对外影响到企业的优质服务和品牌形象，是供电公司发展的重要基础。与输电网相比，配电网的结构更加复杂，设备数目更加庞大，自动化水平也相对较低，加大了配电网运行状态评估的难度。综合利用大数据分析技术手段，开展基于台区用电信息采集及设备运行风险预警的大数据应用研究，充分发挥数据运营资产价值，提升电网精益化管理水平。

3.2.1 配电变压器运行状态评估

配电网设备的多种监测数据存在于生产、营销两个业务口径，监测数据的量级逐日递增，以及现有模式下的滞后分析，已不能满足电网设备运行监测及设备状态评价等方面的需求。本节以配电变压器为例，基于配电变压器档案信息、配电变压器运行信息等内部数据，构建配电变压器设备运行效率评价模型，提出设备最佳负载率确定方法，以设备负载率与配电网设备最佳负载率的偏离程度衡量配电网设备运行状态。

3.2.1.1 设备最佳负载率计算

对于配电变压器，当空载损耗和负载损耗相等时效率最高，所对应的负载率也被称为经济负载率，所以当变压器年电能空载损耗和年电能负载损耗相等时效率最高。设此时变压器的负载率为最佳负载率 α^{tfo}，其计算式为

$$\alpha^{tfo} = \sqrt{\frac{(\Delta P_0 + K_q \cdot \Delta Q_0) \cdot T_g}{(\Delta P_k + K_q \cdot \Delta Q_k) \cdot \tau}}$$

式中：ΔP_0 为变压器空载有功损耗；ΔQ_0 为变压器空载无功损耗；ΔP_k 为变压器负载有功损耗；ΔQ_k 为变压器负载无功损耗；T_g 为变压器年投入运行小时数；τ 为变压器最大负荷年损耗小时数；K_q 为无功功率经济当量，一般取 K_q 为 0.1kW/kvar。

在计算设备最佳负载率时，常常会为未来负荷增长留有一定裕度，由于各地区发展规划和经济发展速度等诸多因素影响，负荷增长速度也各不相同，因此考虑负荷增长所留裕度下配电网设备最佳负载率计算式为

$$\alpha_1^{tfo} = \frac{\alpha^{tfo}}{(1+v)^n}$$

式中：α^{tfo} 为不考虑负荷增长所留裕度情况下的设备最佳负载率；α^{tfo} 为考虑负荷增长所留裕度情况下的设备最佳负载率；v 为设备负荷增速；n 为负荷增长时间。

3.2.1.2 构建配电网设备运行效率评价模型

为满足配电网设备运行状态在线监测需求，构建配电网设备实时运行效

率评价模型。该模型基于配电网设备负荷持续曲线中计算对应各时刻点的负载率，以时刻点设备负载率与配电网设备最佳负载率的偏离程度来衡量配电网设备运行效率。偏离程度越高，效率越低，反之效率越高。

设 t 时刻点所对应的设备 i 的负载率为 $\alpha_i(t)$。当 t 时刻点所对应的设备 i 的负载率 $\alpha_i(t)$ 不大于设备最佳负载率 α_i^{tfo} 时，t 时刻设备 i 的运行效率评价模型为

$$\eta_i(t) = \frac{T_i}{T_{avg}} \times \frac{\alpha_i(t)}{\alpha_i^{tfo}}$$

当 t 时刻点所对应的设备 i 的负载率 $\alpha_i(t)$ 大于设备最佳负载率 α_i^{tfo} 时，t 时刻设备 i 的运行效率评价模型为

$$\eta_i(t) = \frac{T_i}{T_{avg}} \times \frac{\alpha_i^{tfo}}{\alpha_i(t)}$$

式中：$\eta_i(t)$ 为 t 时刻设备 i 运行效率；T_i 为设备 i 实际投运年限；T_{avg} 为同类型设备平均退运年限；$\alpha_i(t)$ 为 t 时刻所对应的设备 i 的负载率；α_i^{tfo} 为设备 i 的最佳负载率。

3.2.2 应用实例

（1）数据分析基础。根据监测分析需求，将用电信息采集系统、PMS2.0 系统、营销业务应用系统、外部接入气象的数据接入数据中台，数据明细如表 3-1 所示。

表 3-1 接入数据中台的数据清单

主题	数据名称	数据清单
配电变压器运行状态分析	配电变压器档案数据	配电变压器编号、生产厂家、批次、额定容量、投运日期
	设备运行数据	配电变压器编号、台区所属类型、每日96点负荷数据

编写数据抽取脚本，创建数据流转链路，将源业务系统的明细业务数据按需接入数据服务层（Data Warehouse Service，DWS）。

（2）配电变压器运行效率。选取某地区 2020 年 4 月 1 日某配电变压器设备日 24 点负荷数据进行设备运行效率分析，采样点采样时间间隔为 15min，额定容量为 315kVA。该配电变压器日负荷持续时间曲线如图 3-7 所示，其经济运行区间为 [20%，80%]，对应图 3-7 中黑色实线之间的区间 [63，252]。

该地区年负荷增长率为 1.5%，考虑到未来三年的负荷增长情况，同类型配电变压器平均投运年限为 16 年，根据最佳负载率公式计算得到配电变压器的最佳负载率为 62.8%，对应的功率值为 315×0.628＝197.82kVA。从图 3-7 可以发现，该配电变压器有明显的轻载和重过载情况，在该日 00：00～03：45 和 23：15～24：00 有显著轻载情况，在 08：30～13：45 有显著重过载情况，且在 19：15～21：15 有显著重载情况。

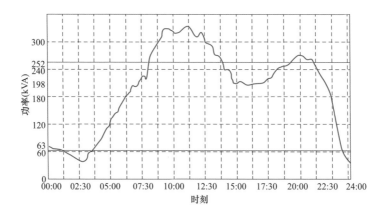

图 3-7   配电变压器日负荷持续时间曲线

由图 3-8 可以发现，在 06：45 和 22：00 左右，配电变压器负载率达到最佳负载率，此时对应运行效率达到 1.0；当在该日 00：00～03：45 和 23：15～24：00 轻载情况下，配电变压器运行效率不足 0.4，运行效率较低；在 08：30～13：45 重过载情况下，配电变压器运行效率随之降低，运行效率在 0.3～0.7 间波动；同时在 19：15～21：15 重载情况下，配电变压器运行效率也出现明显降低。

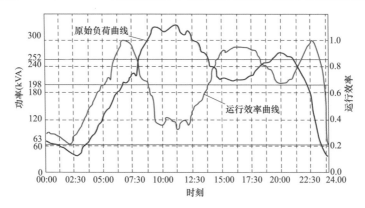

图 3-8   配电变压器运行效率曲线

通过对配电变压器运行效率的分析，证明配电网设备运行效率评价方法是有效可行的，也为配电网设备运行状态评估提供了手段，同时可以在配电网设备运行效率评价研究的基础上开展针对不同设备层级和配电系统资产运行效率的评价标准和方法的深入研究。

3.3   配电网设备缺陷分析

根据配电网缺陷的相关管理规定，按照缺陷的影响程度主要分为一般缺陷、严重缺陷和危急缺陷三大类。配电设备的种类多、数量大，所处的环境复杂多变，缺陷的类型也多种多样。通过研究大数据在数据存储与数据挖掘方面的最新技术，结合设备家族性缺陷分析的业务特点，基于大数据的设备家族性缺陷分析系统架构，实现设备家族性缺陷的智能分析与预测，提高电网监控专业的业务水平与工作效率，保障电网的安全稳定运行。

根据缺陷严重程度，危急缺陷应在 24h 内消除或采取必要安全技术措施进行临时处理，紧急处理完毕后，1 个工作日内将缺陷处理情况补录运检管理系统中；严重缺陷应在 30 天内采取措施安排处理消除，防止事故发生，消除前应加强监视；一般缺陷应结合检修计划予以消除，并处于可控状态，不需要停电处理的一般缺陷应在 3 个月内消除。

3.3.1　问题分析与实现思路

在当前电网运行环境中，电力设备发生缺陷，尤其是危急和严重缺陷，会危及人身安全和设备的可靠稳定运行，电力设备在设计、制造、安装、运行、检修等环节的任何一个过程或环节稍有不慎，都会给设备带来缺陷或者隐患。目前针对设备运行中出现的缺陷与故障，主要靠人工干预（辨识）上报确认，当设备发生缺陷或故障时，会伴随发生相关的告警信息，站端人员通过电话通知主站的监控人员，监控人员将缺陷或故障信息记录到监控日志中。

导致产生配电网设备缺陷的原因主要有：①配电网设备自身因素，包括设备生产制造质量、安装工艺、日常维护等环节都可能造成设备形成缺陷，导致配电线路发生短路、接地等故障；②外力破坏因素，划分为自然因素和人为因素，自然因素主要体现在地震、台风、雷暴、洪水等恶劣或极端天气，是不可抗因素，难以控制和预防；人为因素主要是分布在道路、街区、工业区等环境的设备，存在较高的人为外力破坏风险；③专业工作人员的缺失，体现在缺少大批量具备专业技能知识和丰富经验的管理人员，导致不能很好地对设备进行维护检修处理，成为引发设备故障的一个重要因素。

通过利用关联规则与 Apriori 算法对配电设备缺陷数据进行挖掘与分析，建立基于关联规则的配电设备缺陷模型，为实现继电保护装置的状态检修提供依据，为分析处理电网故障提供决策支持。

3.3.2　配电网设备缺陷模型

为提高配电设备缺陷的管理水平，实现设备缺陷的及时处理和事后分析，设备巡检人员在发现设备异常时，将设备缺陷信息录入生产系统，生产系统中管理着历年各类设备的缺陷信息。每一项录入的缺陷涉及多方面的信息子项，这些信息子项主要可以分为三类：①与出现缺陷配电设备本身紧密相关的信息，如设备的生产厂家、设备类型、设备型号、设备的投运时间、发生缺陷的设备部位等；②针对缺陷的简要评价信息，如缺陷的级别和产生缺陷的主要原因等；③针对缺陷事件本身的发现、处理等流程性的信息，如发现缺陷的时间、处理的时间和所涉及的专业等。

前两类信息主要用于缺陷的事后分析，而第三类更偏向于缺陷的管理。针对前两类信息，并考虑部分类型的信息之间存在冗余关系，提取配电设备的生产厂家、设备型号、设备缺陷的原因、发生缺陷的设备部位以及缺陷等级等 5 项重要信息作为数据挖掘和缺陷分析的对象。在数据挖掘中考虑设备的生产厂家与设备类型能有助于分析设备的共性问题和家族性缺陷；考虑设备缺陷原因和缺陷发生部位有助于分析设备的薄弱环节，为设计、调试和检修等提供建设性的参考依据；考虑缺陷的严重程度能够给不同的缺陷样本提供客观的区分度。

3.3.2.1 关联规则

评价一条关联规则的好坏有支持度（Support）和置信度（Confidence）两个关键指标，支持度表示某规则有多大可能性发生，置信度表示某规则有多大程度值得信赖。

对于一个项集 I 的两个子项集 A 和 B（$B \subset I$，$A \subset I$，且 $A \bigcap B = \Phi$）而言，两者的关联规则 R 可以表示为

$$R = A \Rightarrow B$$

用 count（A）来表示样本集 Y 中包含 A 的样本数量，用 count（B）来表示样本集 Y 中包含 B 的样本数量，D 表示样本的全体构成的样本数据库，则项集 A 的支持度为

$$\text{Support}(A) = \frac{\text{count}(A \subset Y)}{|D|}$$

规则 R 的支持度为

$$\text{Support}(A \Rightarrow B) = \frac{\text{count}(A \bigcup B)}{|D|}$$

规则 R 的置信度为

$$\text{Confidence}(A \Rightarrow B) = \frac{\text{count}(A \bigcup B)}{\text{count}(A)}$$

关联规则的最小支持度记为 S_{supmin}，它用于衡量规则需要满足的最低重要性，关联规则的最小置信度记为 C_{confmin}，它表示关联规则需要满足的最低可靠性。如果规则 R 满足 Support（R）$\geqslant S_{\text{supmin}}$ 且 Confidence（R）$\geqslant C_{\text{confmin}}$，则称关联规则 R 为强关联规则，强关联规则对于指导实际决策具有建设性的意义。

3.3.2.2 Apriori 算法

Apriori 算法是关联规则挖掘中最常用的数据挖掘算法之一，其核心思想是通过候选集生成和向下封闭检测来寻找频繁项集，即利用逐层搜索的迭代方法，利用"$K-1$ 项集"来搜索"K 项集"。数据挖掘过程主要可以分为以

下两步。

（1）通过迭代，检索出样本中的所有频繁项集，即支持度不低于用户设定的最小支持度的项集。

（2）通过比较频繁项集的置信度和最小置信度，确定强关联规则。利用Apriori算法进行数据挖掘时需要用到两个重要的Apriori算法性质。

性质1：频繁项集的子集必为频繁项集，例如假设项集 $\{A, B\}$ 是频繁项集，则 $\{A\}$ 和 $\{B\}$ 也为频繁项集。

性质2：非频繁项集的超集一定是非频繁的，例如假设项集 $\{A\}$ 不是频繁项集，则 $\{A, B\}$ 和 $\{A, C\}$ 也不是频繁项集。

基于这两个重要性质，在实际操作中，首先在初始候选项集中基于最小支持度找出频繁"1项集"的集合，该集合记作 L_1。再基于最小支持度并利用 L_1 频繁搜索"2项集"的集合 L_2，而 L_2 用于搜索 L_3。如此下去，直到不能找到"K项集"，搜索每个 L_K 都需要一次数据库扫描。

3.3.2.3 构建设备缺陷模型

构建关联规则项集 Q，用于表示配电设备的缺陷集，即

$$Q = (F, N, R, P, L)$$

式中：F、N、R、P、L 分别代表不同缺陷类别信息的向量；向量 F 表示设备的生产厂家；向量 N 表示设备类型；向量 R 表示设备缺陷的原因；向量 P 表示设备发生缺陷的部位；向量 L 表示缺陷的等级。

配电设备的缺陷原因多种多样，主要包括参数设置错误、产品设计问题（如不满足设计要求、不满足反措要求等）、产品质量问题（如工艺、原材料或品控等）、超期服役、接触不良、施工不满足要求、未按要求进行验收等。设备可能发生缺陷的部位有接地体、高低压绕组、开关、熔断器、母线、辅助设施等。缺陷的级别分为一般缺陷、重大缺陷和紧急缺陷三个层次。

每一个缺陷样本都是由这5类缺陷信息构建的五维空间中的一个点，通过Apriori算法挖掘最多可能获得频繁"5项集"。假设配电设备共有 n 个厂家、m 个类型、p 个缺陷原因、q 个缺陷部位以及3个缺陷级别，则初始候选项集共包含有总数为 $n+m+p+q+3$ 个项，在此基础上基于Apriori算法进行频繁项集的筛选以及关联规则的挖掘。

3.3.3 应用实例

从生产系统中提取某地市公司某年度一年的配电设备缺陷数据，以此缺陷数据为例，基于Apriori算法对设备的缺陷数据进行关联规则挖掘，并针对所获得的关联规则进行进一步分析，以得出对实际生产有指导意义的结果。

对该电力公司某年度自动化装置的缺陷数据进行简单清洗后，共获得543条样本。样本中，设备的生产厂家共有13家，设备共包括杆塔、开关柜、柱

上跌落熔断器、配电变压器等 7 类，设备缺陷原因包括接触不良、超期服役、产品设计问题和产品质量问题等 19 类，设备缺陷发生部位包括杆塔本体、功能插件和电源模块等 20 类，缺陷严重程度包括一般、重大和紧急 3 类。

由于样本数较大，而各类型样本数所占比例就相对较低，因此，设置 Apriori 算法计算的支持度为 1.5%，同时设置置信度为 60%，则样本经过 Apriori 算法挖掘得到频繁项集，经过筛选后，得出对于分析配电设备缺陷比较有参考意义的关联规则 9 项，如表 3-2 所示。

表 3-2 基于频繁项集的强关联规则

序号	关联规则	支持度	置信度
1	开关柜 & 连接不良⇒辅助部件	2.8%	63%
2	厂家 B & 辅助部件⇒开关柜	7.8%	98%
3	厂家 C & 辅助部件⇒开关柜	2.3%	86%
4	厂家 D & 开关柜⇒辅助部件	2.2%	67%
5	产品设计问题 & 辅助部件⇒开关柜	2.8%	63%
6	厂家 E & 柱上跌落式熔断器本体⇒柱上跌落式熔断器	2.5%	65%
7	柱上跌落式熔断器本体 & 紧急⇒杆塔	2.5%	73%
8	杆塔⇒杆塔本体	5.3%	72%
9	超期服役 & 杆塔 & 杆塔本体⇒破损	1.8%	71%
10	重大 & 杆塔⇒破损	1.8%	78%

综合关联规则 2、3、4 可以看出，厂家 B、C、D 生产的开关柜的辅助部件问题比较突出，而根据关联规则 1 可知，开关柜所发生的辅助部件问题，有相当一部分都与连接不良相关，置信度高达 85%。同时，根据关联规则 5 可知，开关柜的辅助部件缺陷也与产品的设计问题有一定的关联关系。因此，为了提升开关柜的运行可靠性，应在厂家 B、C、D 的制造、出厂和现场验收等环节的标准规范性上对其开关柜的辅助部件进行有针对性的管控，而且，要提高辅助部件的设计合理性，以降低其辅助部件出错的概率。由此可见，根据强关联规则，能够在一定程度上体现配电设备的家族性缺陷，同时也有助于分析产生家族性缺陷的原因，为设备的生产和验收等提供有针对性的参考依据。

由强关联规则 6 可知，对于厂家 E 生产的柱上跌落式熔断器而言，柱上跌落式熔断器本体问题是其家族性缺陷，更应该值得注意的是，关联规则 7 指出，柱上跌落式熔断器的柱上跌落式熔断器本体缺陷很大程度上属于紧急缺陷，对电力系统稳定运行的威胁较大。因此，为提高柱上跌落式熔断器的可靠性，应重点针对厂家 E 的柱上跌落式熔断器本体提出管控措施，从程序的设计、编写和出厂以及现场验收等环节对其进行严格把关，有利于降低设备故障率。

由强关联规则 8～10 可知，杆塔本体是杆塔的薄弱环节，而超期服役是杆塔破损缺陷的主要原因，更应该值得注意的是，关联规则 10 指出，杆塔破损缺陷很大程度上属于重大缺陷，对电力系统稳定运行的威胁较大。因此，为提升杆塔的运行可靠性，应针对服役时间较长的杆塔进行有针对性的巡视及维护，并及时更换超期服役的杆塔。

3.4　配电网运维与气象数据融合分析

我国幅员辽阔，气候条件复杂多样，是自然灾害频发的国家之一，气象条件对电力生产、电网建设及运营的影响深远。过去的 20 年中，发生了多起因极端天气导致的电网故障。随着全球气候的不断变暖，气象灾害对电网影响的频度和程度还会继续增加。因此，开展电力气象深入研究，将恶劣气象条件带来的影响及损失降低到最小化是电网运维中一项长期的工作。实际气象情况多变，对实时性、位置精度要求较高，产生的数据量非常庞大。气象数据作为电力大数据的外部数据，如何融入电网应用场景，将两类数据有效结合进行关联融合和挖掘分析，是配电网运维与大数据挖掘分析中一个较为关键的研究方向。电网大部分故障跳闸都与气象条件有关，因此电网气象类故障的准确诊断对提升电网故障处置效率有重要意义。

3.4.1　分析方法及思路

影响电网的气象类型较多，各气象类型影响程度、影响方式各有不同，例如，雷电天气导致大气过电压，进而可能会导致输配线路的绝缘发生击穿或闪络，引起线路跳闸，造成停电；山火则会导致污闪跳闸或者间隙击穿、线路跳闸等；线路和设备覆冰会造成短路、断线、甚至倒塔等问题进而引发电力故障。通过典型恶劣气象类型，按照与电网跳闸的相关程度，将雷电、山火、覆冰这类对电网运行构成直接威胁且已纳入电网监测系统的强相关类与一般相关类（暴雨、高温、大雾、大风、大雪、低温、污闪等可能诱发设备跳闸的气象类型）进行区别诊断。对于强相关气象类故障，判断设备在故障时刻是否具备该类典型气象条件，且气象条件是否达到诱发跳闸的阈值，进而判断最大概率的故障气象类型；对于一般相关的气象故障，采用分类模型的思想，将当前待判断的故障下的天气特征与历史各类气象故障发生条件下气象数据的特征进行关联分析，得到当前故障和每类气象故障的相似概率，进而可以判断出气象故障类型。

3.4.2　电网气象故障判别模型

3.4.2.1　强相关类气象故障诊断方法

强相关类有雷电、山火、覆冰三类气象类型，均已纳入电网监测，相关数据来源于雷电定位系统、覆冰监测系统、山火遥感系统，对于这三类气象故障的诊断，首先要判断设备在故障发生时段是否具备符合这三类典型的气象条件，其次判断气象条件是否满足达到引发故障的临界值，最后判断最大概率的气象故障类型。图 3-9 中的诊断方法从故障物理发生机理确定性计算方法出发来实现对强相关类气象故障，符合电网生产实际。

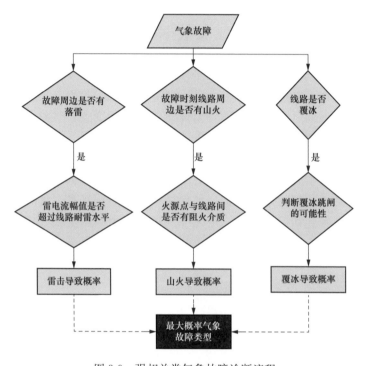

图 3-9 强相关类气象故障诊断流程

3.4.2.2 一般相关类气象故障诊断方法

一般关联性的气象条件与电网故障没有直接必然关系，其气象故障最适用的诊断方法是挖掘设备历史故障条件下的气象情况，建立样本库，并与当前故障下的气象条件进行关联分析，基于样本均值的相似性计算和各气象类故障的相似概率，最终取最大相似概率对应的气象类型作为判定结果。

假设样本库中已存在强关联性（雷电、山火、覆冰）以及一般关联性气象类型（暴雨、高温、大风、大雪、低温、污闪）等 9 类故障样本记录集合 S，气象故障类型分别对应枚举值 $M_1 \sim M_9$，其特征指标为故障发生时间的最高温度 C_1（℃），最大湿度 C_2（%），最大降雨量 C_3（mm），最大风速 C_4（m/s）。这四个气象指标的量纲不一样，不能进行直接比较，在具体应用之前采用标准化处理，使其取值只有相对意义。现有待判断气象故障向量指标 U，其特征指标为 $U_1 \sim U_4$，需要分别计算其与 $M_1 \sim M_9$ 气象故障数据的相似概率，以计算和 M_1 的相似概率为例，其计算步骤为：

（1）计算样本库中各气象故障类型下 4 个指标 $C_1 \sim C_4$ 的权重 $W_1 \sim W_4$。对于不同气象故障类型，其气象指标值是存在差异的，即某一特征指标对不同气象故障类型的贡献信息程度是不同的，如果 $C_1 \sim C_4$ 中某一指标在所有气象故障类别中的表现都比较一致，则说明它对区分气象类型的价值贡献度较小。对于气象故障 M_1，以指标 C_1 为例，其指标权重 M_1W_1 的计算方法为：

$$M_1R_1 = \left| avg(M_1C_1) - avg(AC_1) \right| / avg(AC_1)$$

$$M_1D_1 = \sqrt{\Sigma \left[M_1C_1(i) - avg(M_1C_1) \right]^2} / avg(M_1C_1)$$

$$M_1W_1 = M_1R_1 / M_1D_1$$

式中：$avg(M_1C_1)$ 为气象故障 M_1 的指标列 C_1 的均值；$avg(AC_1)$ 为样本库所有气象故障指标列 C_1 的均值；M_1R_1 为处于气象故障 M_1 条件下，指标 C_1 与所有故障条件下该指标 AC_1 的平均值的相对值；M_1D_1 表示气象故障 M_1 条件下指标列 C_1 的分散程度。

如果气象指标 C_1 在气象故障 M_1 条件下的均值与所有故障条件下的均值差值越大，说明该气象指标 C_1 对气象故障 M_1 的分辨程度较高，指标列 C_1 数值的分散程度越小，其趋势越集中，则说明指标列 C_1 与气象故障 M_1 的关联程度越高。

同理，可依次计算得出 $M_1W_2 \sim M_1W_4$ 的值。

（2）计算当前待判断气象故障向量指标 U 中的指标 $U_1 \sim U_4$ 分别与气象故障 M_1 的样本记录中 4 个指标 $M_1C_1 \sim M_1C_4$ 的均值相似性，其相似性越接近于 1，则表明和历史气象故障该指标的值越接近，为该类故障的概率越大。其计算公式为

$$M_1P_1 = 1 / \{ 1 + | [U_1 - avg(M_1C_1)] / avg(M_1C_1) | \}$$

式中：U_1 和 $avg(M_1C_1)$ 的值相差越大，则 M_1P_1 值越小，其取值范围为（0，1]。依次计算 $M_1P_2 \sim M_1P_4$，得到 4 个指标和历史样本的相似度。

（3）对相似度进行加权求和，得出待判断故障 U 与气象故障 M_1 的相似概率总评分，可表示为

$$S_1 = M_1W_1 \cdot M_1P_1 + M_1W_2 \cdot M_1P_2 + M_1W_3 \cdot M_1P_3 + M_1W_4 \cdot M_1P_4$$

（4）按照上面的步骤，依次计算待判断故障 U 与气象故障 $M_2 \sim M_9$ 的相似概率总评分 $S_2 \sim S_9$，最终取 $S_1 \sim S_9$ 的最大值作为最终相似概率评分 $S(U)$。同时得出待判断故障向量 U 的气象故障类型。其完整流程如图 3-10 所示。

3.4.3 气象故障判别模型应用

气象故障的研判方法是在故障发生之后对故障的定性判断，其准确程度对后续的故障统计分析、量化气象故障分布、影响电网程度及范围都有一定的影响，可以此作为依据，在未来有可能发生类似气象情况下，为抢修人员

和物资的提前部署提供定性、定量的指导。

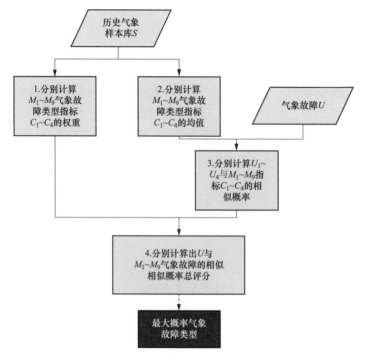

图 3-10 一般相关类气象故障诊断流程

通过气象故障分类结果统计，电网气象类故障随季节性变化呈现不同的特点，在春秋两季，影响电网的主要气象类型是山火、大风，北方多季风，时常伴随沙尘天气，大风天气不但会破坏输电线路，还会吹起异物造成线路短路，沙尘天气会导致浮尘或污秽物附着到绝缘子或其他输电设施表面，长时间积累导致遇到雨雪天气会引起线路故障跳闸；夏季影响电网的主要气象类型是雷电、暴雨、高温等（南方夏季台风较多）。据统计，雷电占到夏季跳闸次数的70%～80%；冬季，电网主要受冰雪及低温天气威胁，覆冰及大雪气象条件造成的跳闸比例不算很高。但是，严重情况下可以造成输电线路断线、倒塔，造成电力中断使电网大面积停电等。针对雷电灾害，配电网设备除了及时安装避雷器外，还要定期对避雷器的外观进行检查、温度测试、更换老化器件，在夏季来临前加强设备巡视力度。对于冬季的覆冰灾害，提前对线路进行抗冰加固，使用无人机巡视，气象预警后，组织应急抢修队伍、使用直流融冰技术等进行故障抢修。

3.4.4 气象数据融合应用发展方向

对气象故障数据的精准判断是电网气象预警的前提，在电网系统建设中，基于地理信息系统的电网气象故障预警系统更直观、可量化地展示灾害气象的影响范围，该系统将气象灾害与电网设备 GIS 数据进行关联分析，将灾害天气实时信息和预报信息在电网 GIS 中关联显示，对涉及的电网设备进行预警。该系统接入自动气象站、气象卫星、数值预报等多种形式的气象源数据，精确实时气象及预报数据，可直观地展示灾害天气的详细衍化轨迹。而且，基于 GIS 搭建系统，将灾害天气数据与地理数据、电网矢量图层数据结合进行展示，直观地判断灾害天气的影响范围，准确定位受灾害天气影响的电网设备。另外，区别于传统地图，应用时序图技术在电力栅格图层上实现根据需要任意展示时间轴上任意一点的地图、可选择的访问历史数据地图及展示当前数据地图，操作上可连续播放某个时间段的地图，展现时间范围内地图的变化趋势。再配合以各种形式的气象色斑图，在系统上形象地展示气象要素的地区分布情况，预测气象要素的地区变化趋势，实现在电网设备上的实时预警功能，为各相关单位提供气象灾害对电网运行影响的监测、预警服务。可有效实现电力设施的防灾、减灾，实现电网安全运行精细化管理。

除了在配电网故障方面，气象因素在电网建设的规划、电网负荷管理预测方面也发挥着重要的作用，由于电能的生产、输送、分配和消费是同时进行的，难以大量储存，这就要求发电系统和系统负荷变化要达到一种动态平衡，否则就会影响供用电质量，甚至危及电力系统的安全与稳定。科学预测系统负荷可为电力生产部门和管理部门制订生产计划和发展规划提供依据。预测负荷有短期负荷预测、中期负荷预测、长期负荷预测等，将最高温度、最低温度、最大降雨量、最大湿度等气象指标作为解释变量，以历史电力负荷数据、气象指标为样本进行模型拟合，通常采用的回归模型、神经网络等方法。

3.5 配电网拓扑关系优化分析

配电网直接连接拓扑关系是实现调度自动化过程中基础而关键的工作，是有效支撑同期线损和理论线损计算、供服抢修、停电计划等业务应用的关键保证，已成为电力系统数据治理关注的焦点问题。利用大数据分析手段和数据挖掘技术，基于配电网海量运行数据进行电网拓扑关系分析与优化策略研究，对促进配电网智能化发展水平具有重要作用。

3.5.1 拓扑关系分析相关理论

3.5.1.1 配电网络拓扑基础理论

按照功能的不同，电力系统可以划分为发电、输电和配电三个环节，发电侧连接发电设备，配电侧连接电力用户，输电侧承担电力传输任务。本节主要研究 10kV 及以下的低压部分，包括电力企业管理的公用变压器、用户管理的专用变压器、物业公司管理的小区配电变压器。

配电网的电力设备包括高低压负荷、联络开关、配电变压器、母线开关、馈线等。图 3-11 所示为典型的配电网物理模型。

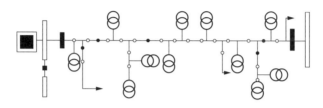

图 3-11　配电网物理模型

配电网拓扑类型包括辐射状结构、树状结构、环状结构等，图 3-12 所示为常见配电网拓扑类型。一般来说，农村对供电可靠性的要求相对较低，多采用无备用线路的辐射状或者树状的拓扑结构。大中型城市对供电可靠性具有非常高的要求，多采用具有备用线路的环状拓扑结构。

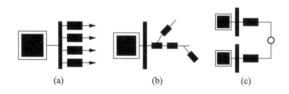

图 3-12　配电网拓扑类型
（a）辐射状；（b）树状；（c）环状

为了开展网络拓扑关系分析，要将配电网的物理模型转化为图模型。配电网馈线的起点就是变电站母线，馈线段连接负荷和配电变压器，馈线段之间有开关连接，此处将变电站母线抽象为根节点，用子节点抽象表示馈线、配电变压器和负荷，用支路抽象表示配电网的开关。图 3-13 所示为基础物理拓扑模型与图模型的转化。

整个配电网构成一个图模型 $G = \{N, S\}$，用 $N = \{1, 2, \cdots, M\}$ 描述节点集合，节点表示馈线段等。集合 $S = \{x_{ij}, i \in N, J \in N\}$，表示的是开关线路。配电网的结构是一颗包含着共同根节点的树，配电网的所有开关闭合时，即形成了无向有环图，部分配电网开关之间连通形成了环路。利用代数法，可以清晰地表达拓扑图，例如常用的权矩阵和邻接矩阵等。

3.5.1.2　电网海量运行数据

配电网运行产生海量电网数据。随着智能监测设备的广泛应用，智能电能表等设备每隔 15min 采集并上传一次配电网的运行数据，在 24h 内采集上传 96 次数据。据统计，中压配电网 1 年累计生成 PB 级别的数据。除此之外，配电网外部环境、气象数据、经济数据等各类型外部数据也具有非常大的规模。配电网系统内外部的海量数据挖掘分析，为配电网规划、运行、维护等提供技术支撑，是配电网智能化发展的重要方向，对促进企业管理能效提升具有重要作用。

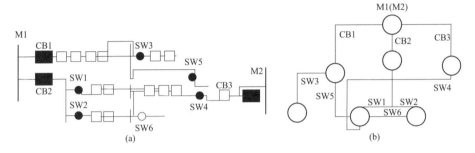

图 3-13　基础物理拓扑模型与图模型的转化
（a）配电网拓扑物理模型；（b）配电网拓扑图模型

3.5.2　电网拓扑关系分析模型

配电网自身布线复杂不易勘察，线路频繁更改、用户私自更改线路的问题突出，配电网高效的实时监控和故障快速定位具有很大难度。随着新能源技术的发展，配电网不仅仅要连接用电设备，还连接着分布式供电设备，增加了配电网拓扑监测分析的难度。

在 GIS 配电系统管理中，基于配电管理的计算是拓扑结构的基础，任何高级的计算，比如停电分析、变压器故障分析等，都是基于拓扑框架进行的。大部分配电管理的静态数据都是来源于地理信息系统（Geographic Information System，GIS），但仅依靠 GIS 数据又会限制分析维度。因此，如何将 GIS 系统数据和其他源数据进行关联分析就成为关键。

3.5.2.1　拓扑关系异常分析框架

配电网的拓扑关系是其稳定高效运行的基础，如果拓扑结构出现了误差，那么就会导致配电网供电、输电、用电等出现严重问题。

针对线路、变压器拓扑关系点多面广，现场核查及管理手段不足等现状，可以利用大数据分析、机器学习建立大数据分析模型，分析采集停电事件（停电运行数据）、发展过程与拓扑关系实际情况，掌握线上停电与系统拓扑实际挂接关系，定位设备、检修、数据治理及管理问题的关键点。整体分析框架如图 3-14 所示。

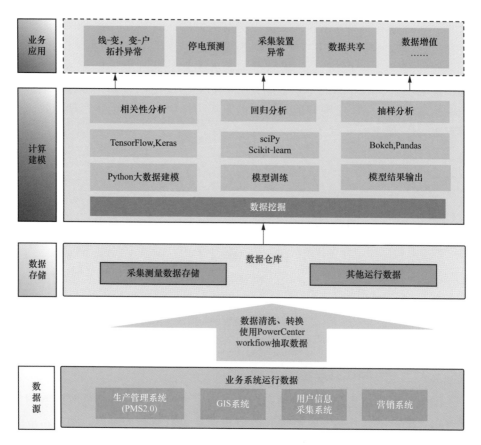

图 3-14　整体分析框架

3.5.2.2　分析数据集构建

电网拓扑关系分析模型针对营销业务应用系统、用电信息采集系统、生产管理系统和地理信息系统。拓扑关系分析数据如表 3-3 所示。

表 3-3　　　　　　　　　　　拓 扑 关 系 分 析 数 据

系统名称	数据字段					
营销业务应用系统	台区档案		用户档案		关口表等数据	
用电信息采集系统	采集时间	功率类型	供电单位	电压数据	采集装置设备台账	
PMS2.0 系统	线路台账	变压器台账	缺陷数据	两票数据	巡视数据	检修数据
GIS 系统	线-变关系		变-户关系			

基于业务系统及电网运行数据，建立拓扑大数据分析数据集。数据来源于各业务系统，数据量是现有系统在运设备全量数据。

数据集 1：PMS2.0、营销、GIS 系统基础档案表（见表 3-4）。

表 3-4   数据集 1

序号	核心数据项	数据来源	数量（条）
1	关口表	营销业务应用系统	83500
2	线-变关系	GIS 系统	76000
3	线路巡视	PMS2.0 系统	66843
4	专变档案	营销业务应用系统	45000
5	线路缺陷	PMS2.0 系统	41825
6	变压器	PMS2.0 系统	31000
7	线路两票	PMS2.0 系统	4727
8	变压器巡视	PMS2.0 系统	2363
9	线路	PMS2.0 系统	1650

数据集 2：用电信息采集、营销、GIS 系统部分基础档案表（见表 3-5）。

表 3-5   数据集 2

序号	核心数据项	数据来源	数量（万条）
1	电流	用电信息采集系统	840000
2	电压	用电信息采集系统	840000
3	功率	用电信息采集系统	280300
4	用户档案	用电信息采集系统	385
5	变-箱关系	GIS 系统	84

数据集 3：计算模块及营销系统组合宽表（见表 3-6）。

表 3-6   数据集 3

序号	核心数据项	数据集字段	数量（条）
1	台区-用户信息表	台区编号、台区名称、线路名称、编号、电压 U1/U2/U3/U4/U5/U6/U7…U96	3850000
2	台区停电信息	台区编号、台区名称、线路名称、编号、停电时间、复电事件、停电时长	270000
3	线路停电—台区比对表	线路 ID、线路名称、台区编号、台区名称、GIS 线变关系线路名称、GIS 线变关系线路 ID、GIS 线变关系台区名称、GIS 线变关系台区 ID	54000
4	线路停电信息	线路名称、线路 ID、停电事件、复电事件停电时长	3300

3.5.2.3　拓扑关系异常分析模型

公用配电变压器停电反映了实际的挂接关系，采集终端在三相输入电压低于额定电压 60% 并持续 1min 时，会记录停电事件和发生时间。以 GIS 系统中线路—变压器关系表为基准，以变压器停电信息为校验数据，当变压器停电时，与 GIS 拓扑关系比对，对"变压器—线路"实际挂接关系挖掘大数据分析。

采集终端留存的变压器停电事件作为停电运行数据，与 GIS 系统中线路—变压器拓扑关系数据比对，形成两个数据集，通过比对形成异常挂接关系数据，生成异常拓扑关系数据（见图 3-15）。

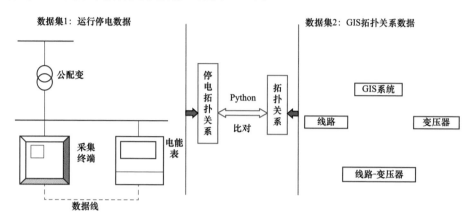

图 3-15　拓扑比对模型

公用配电变压器采集终端记录的停电事件用 A 表示，停电事件数线路用 X 表示，停电发生时间和复电时间分别用 T_1、T_2 表示，停电公用配电变压器在 GIS 系统中所属线路用 Y 表示，停电时间用 T_3 表示。拓扑关系异常判断流程如图 3-16 所示。

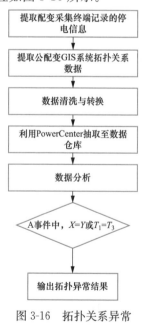

图 3-16　拓扑关系异常
判断流程图

基于停电运行数据和 GIS 系统拓扑数据判定步骤如下：

（1）获取采集终端公用配电变压器记录的停电事件中停、复电时间数据（包含所属线路）。

（2）获取公用配电变压器 GIS 系统拓扑关系数据（包含所属线路）。

（3）判断采集终端记录的停电事件中，变压器的所属线路与 GIS 系统拓扑所属线路是否一致，如果不一致，则输出拓扑异常结果。

（4）判断采集终端记录的停电事件与同一时间线路停电时间是否一致，如果一致，则比对 GIS 系统拓扑所属线路。

3.5.2.4　拓扑关系 Python 模型的实现

运用 Python 进行拓扑分析可有效节省成本，分析简单易上手，后期维护方便，可拓展性强。通过 Python 中 Pandas 工具包进行数据分析可以更快更准确地得到分析结果，实现模型优化。在拓扑分析中的具体实现如下所述。

从数据集 GIS 系统中导出变压器关系表为基表，主要用到的数据有线路 ID、线路名称、停电时长、停电时间、复电时间等。从运行停电数据集中导出变压器停电数据表，主要用到的数据有台区编号、台区名称、线路名称、线路编号、停电时间、复电事件、停电时长、采集时间和采集电压等。先用 DataFrame 读取数据，再将两个数据表进行合并，利用 merge 函数将两个表做合并筛选，以 GIS 表为基准表进行 join 合并，便于找出有问题的变压器信息。将合并后的停电时间、复电时间、停电时长进行数据的标准格式化处理，方便后续的计算，然后对合并后两表的停电时间进行计算。根据具体要求停电时长在一定范围内的数据为有效数据，后利用 Lambda 函数对变压器的电压进行深度计算，剔除异常数据。停电时间到复电时间内无采集电压数据，采集时间段的电压为空值，对比 GIS 表中停电时间的信息，利用先前计算得到的数据对比电压器无电压数据即可分析出拓扑关系异常的数据。

利用 Python 模型进行进一步的完善和改进，省去手动下载数据、分析数据和上传数据等人工操作。利用 Python 的 cx_Oracle 连接数据库，内嵌 SQL 脚本可导出数据集。通过 SQL 脚本调整的方式实现对数据的筛选过滤。完成分析操作后再利用 cx_Oracle 实现数据的上传。节省了数据下载和上传的时间，也省去了手动读取数据、储存数据的繁琐过程，最大限度地确保了数据的保密性，提升数据挖掘效率，降低了数据泄露的风险。同时能够实现自动化分析，定期读取数据、分析和上传数据，有效节省成本，拓扑进程也更可控，分析结果更精准。

3.5.3 拓扑关系异常模型应用实例

选择 2020 年变压器停电数据，在不影响数据分析和逻辑验证的前提下，对数据进行脱密处理，经验证拓扑关系异常模型实现了对 GIS 系统拓扑异常关系的准确判断和校验。

运行停电数据：选取 2020 年 1 月 1 日～12 月 31 日，2 万余台公用配电变压器产生的 27000 余条终端停复电事件和 220 余万条 96 点表计电压数据。经匹配排除无效事件，生成终端停电事件 3200 条。

GIS 拓扑关系数据：选取 2020 年 12 月 31 日配电变压器产生的 34000 余条拓扑关系数据。经匹配排除无效关系，共匹配生成终端停电事件 34000 条。

采集电压缺失情况：以"××3 号公用变压器间隔配电变压器"为例，分析变压器各采集时间的采集电压。采集时间为每 15min 一次，采集电压为该时间点的电压，如若出现停电情况则分段采集点的时间电压为空（见表 3-7）。

采集时间	0：00	0：15	0：30	0：45	1：00	1：15	1：30	1：45	2：00
采集电压	231.9	232.1	232.2	232.7	233.3				
采集时间	2：15	2：30	2：45	3：00	3：15	3：30	3：45	4：00	4：15
采集电压							234.3	234	234.2
采集时间	4：30	4：45	5：00	5：15	5：30	5：45	6：00	6：15	6：30
采集电压	234.3	234.5	234.3	235.3	234.7	234.6	233.3	235.2	234.1
采集时间	6：45	7：00	7：15	7：30	7：45	8：00	8：15	8：30	8：45
采集电压	234	232.2	232.9	233.7	233.2	233.4	231.9	232.8	232.4
采集时间	9：00	9：15	9：30	9：45	10：00	10：15	10：30	10：45	11：00
采集电压	230.5	231.2	231.6	231.2	231.8	232	232.1	232	229.5
采集时间	11：15	11：30	11：45	12：00	12：15	12：30	12：45	13：00	13：15
采集电压	232.1	232	232	232.5	232.4	232.6	233	232.4	232.1
采集时间	13：30	13：45	14：00	14：15	14：30	14：45	15：00	15：15	15：30
采集电压	231.5	232.1	231.9	232.5	232.8	232.4	232.3	232.1	232
采集时间	15：45	16：00	16：15	16：30	16：45	17：00	17：15	17：30	17：45
采集电压	231.3	231.4	230.9	230.5	229.8	229.7	229	229.1	228.6
采集时间	18：00	18：15	18：30	18：45	19：00	19：15	19：30	19：45	20：00
采集电压	229	228.9	228.2	225.5	225.3	227.9	227.9	228.6	228.1
采集时间	20：15	20：30	20：45	21：00	21：15	21：30	21：45	22：00	22：15
采集电压	228.7	227.7	228.2	229.2	229	230.1	230.1	230.3	231.3
采集时间	22：30	22：45	23：00	23：15	23：30	23：45			
采集电压	230.2	232.1	232.8	232	232.3	232.5			

表 3-7　　　　　　　　　变压器各采集时间的采集电压

停电拓扑与 GIS 拓扑比较结果："××3 号公用变压器间隔配电变压器"在 2020 年 2 月 4 日 01：07～03：34 发生停电,电压值为 0,时长为 2.45h。变压器停电运行信息挂接在"××变 527 县城甲线"上,通过拓扑大数据比对模型发现拓扑关系异常。GIS 系统中该变压器挂接线路为"××变 515 华城Ⅰ线"。停电时长即为停电到复电的时间,GIS 拓扑采集电压为空值时的时间段对比停电拓扑停电时长的数据对比。

3.5.4　应用范围及效果评价

随着电力系统的发展和数据中台的建设,电网数据的规模也越来越大,寻找行之有效的拓扑关系优化分析方法越来越重要。传统的拓扑分析方法有树搜索法和矩阵法。矩阵法比较直观但是占用的内存和预算比较大,树搜索法应用比较广泛。不管用哪种方法,缩小数据范围才能快速准确地得到分析结果,在确定拓扑主题时提取数据的环节即可精准定位所需数据,在分析环节熟练运用合并和去重也可大大减少工作量并得到准确数据。

3.5.4.1　应用范围

以 GIS 为基准横向搜寻与基准表相关的可分析信息和数据,应用变压器停电运行数据及 GIS 拓扑关系明细数据，通过大数据技术进行加工处理，分析线上数据与实际情况之间存在的差异。

（1）对计量箱、变压器电压分析。从计量箱、台区采集电压两个维度，确定时间区间，分析计量箱和变压器拓扑关系正确性。

（2）线路停电影响范围分析。通过线路停电挂接变压器与 GIS 拓扑关系比对，精准分析线路停电影响。

（3）拓扑关系更新机制分析。为确保线上拓扑关系正确性，按日进行数据异常分析，确保不影响运行停电数据校验结果。

（4）不同气候条件下采集电压分析。通过机器学习，分析电压采集在不同天气下的波动范围。

（5）关联比对分析。结合设备缺陷、检修、巡视等运行数据，分析设备情况，主动发现设备运行中存在的问题。

3.5.4.2 应用成效

（1）节省成本，掌控准确。相对传统配电网"自下而上"报表式管理模式和投入巨资全面覆盖配电网数据治理方面，具有"自上而下、掌控准确、节省成本"等特点，能显著提升配电网管理水平，有效指导检修（不停电作业）、同期线损、配电网抢修和供电服务管理工作。

（2）变被动管理为主动分析。通过主动分析发现电网运行数据，准确掌握电网运维实际情况。

（3）促进提升基础管理水平。发现部分用电信息采集终端存在时钟不准、采集电压质量不高等异常情况，为提升设备台账、采集运维等基层管理水平提供抓手。

（4）技术突破促进建立管理新模式。按日进行数据更新，提供监测结果明细；设备部应用监测结果进行拓扑关系核查、分析、考核，对异常进行通报，完成可靠性评价；县公司及供电所核查反馈挂接异常原因，并进行整改，提升运维管理水平。

3.6 配电网电源点自动识别

用电信息采集系统是集现代数字通信技术、计算机软硬件技术、用电异常智能判断告警技术、电能计量技术、电力负荷控制技术和电力营销技术为一体的综合实时信息采集与分析处理系统，每 15min 采集一次用户电能表的电压、电流、功率数据。

配电自动化系统是实现配电网的运行监视和控制的自动化系统，具备配电数据采集与监视控制、馈线自动化、电网分析应用等功能，系统可采集环网柜和电缆分支箱各间隔的电压、电流、功率数据和开关位置信息，是实现配电网运行、调度、管理等各项应用需求的载体之一。用电信息采集系统用户名称根据用户报装名称拟定，调度专业电源点名称根据生产专业现场勘查后用户实际的名称命名，且调控专业为了信号监测和指令发送的便利性，往往对名称进行简化处理，这就导致用电信息采集系统的用户名称和配电自动化系统名称无法一一对应匹配。

生产侧和用户侧中间通过电缆连接，对于中间没有"π"接的电缆设备，同一时间段（如同一小时、同一天）电源点和用户端的电压、电流和功率曲线通常会高度一致。因此通过同一时刻配电自动化系统和用电信息采集系统的电压、电流和功率值进行拓扑关系匹配，从而实现主网电源点和用户的双向溯源。该方法不仅能解决电源点和用户溯源难的问题，辅助业务人员快速确认生产侧和用户侧拓扑连接准确性，同时对线变关系核查治理，校验线路核查结果，准确判定用户停电情况，双向校核用户窃电行为等也有积极作用。

3.6.1 电源点自动识别业务规则

业务规则 1：任意输入一个站房的间隔名称，比较某一时间段内（前一天 96 个采集点的电压、电流和功率曲线），用电信息采集系统中 10kV 专用变压器和配电变压器的电压、电流、功率曲线与配电自动化该间隔的电压、电流、功率曲线相似度最高的用户，搜索用户编号、用户名称、计量点编号、表号等信息。

业务规则 2：任意输入一个用户编号或台区编号，比较在某一时间段内（前一天 96 个采集点的电压、电流和功率曲线），配电自动化中与该用户用电信息采集系统中电压、电流、功率曲线相似度最高的间隔，搜索间隔的名称、所属站房名称、所属线路名称、运维单位等信息。

曲线相似度 A 表示为

$$A = 0.4A_1 + 0.4A_2 + 0.2A_3$$

式中：A_1 为功率曲线相似度；A_2 为电流曲线相似度；A_3 为电压曲线相似度。

3.6.2 数据准备

3.6.2.1 数据分析基础

根据功能需求，将用电信息采集系统、营销业务应用系统、地理信息系统、配电自动化系统的数据接入数据中台，数据明细如表 3-8 所示。

表 3-8　　　　　　　　　　接入数据中台的数据表

系统名	表中文名
用电信息采集系统	日测量点电压曲线
用电信息采集系统	日测量点电流曲线

系统名	表中文名
用电信息采集系统	日测量点功率曲线
用电信息采集系统	测量点档案
用电信息采集系统	采集对象
营销业务系统	电能表
营销业务系统	电能表和计量点关系表
营销业务系统	计量点信息表
营销业务系统	台区档案
营销业务系统	变压器档案
营销业务系统	线路档案
营销业务系统	用户档案
营销业务系统	供电单位
营销业务系统	编码表
GIS	负荷开关
GIS	间隔单元
配电自动化	遥测信息

编写数据抽取脚本，创建数据流转链路，将源业务系统的明细业务数据按需接入分析层数据库中。根据业务逻辑，基础数据可以分为相似度前 5 站房间隔信息、相似度前 5 用户信息、公专变用户及站房地图、用户和间隔曲线分析、电源点自动识别规则、站房间隔数六个模块。

通过数据复制服务工具（Data Replication Service，DRS）实现营销业务应用系统用户档案类和 GIS 设备档案类结构化数据接入，同时将源系统中的数据实时抽取到 Kafka 中。分析层数据转换通过编写 DWS 的存储过程脚本，使用数据迁移工具 DAYU 定时调度功能将数据落入分析层，也可以利用大数据分析计算能力，通过编写批量计算逻辑，使用 DAYU 定时调度功能将数据落入分析层，满足各个应用的数据需求。数据迁移过程如图 3-17 所示。

用电信息采集系统的电流、电压、功率数据通过 DRS 来实现，可以将源系统中的数据实时抽取到 Kafka 中。明细数据统一由 DAYU 工具调度至数据中台贴源层存储。如果涉及流式计算，通过 Flink 流计算组件获取 Kakfa 队列采集量测数据，关联计算结果结合应用场景进行存储，具体包括 DWS 分析层、Kafka 队列、HBase、MRS（Hive）、DCS 等方式。JSON 文件由配电自动化系统生成，通过第三方解析程序进行解析后写入数据中台。如果数据需要支撑后续的点查或者批量计算，需第三方解析程序将数据写入 MRS（Kafka）中，明细数据存储在贴源层（Hive）中。

3.6.2.2 数据预处理

针对数据质量问题对数据进行缺失值处理和异常处理，根据分析需求对数据进行筛选、内容提取、格式转换等基本处理以及通过多表互联重新组织需求数据结构。数据处理概念模型如图 3-18 所示。

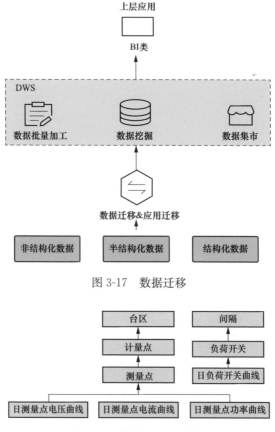

图 3-17 数据迁移

图 3-18 数据处理概念模型

结合数据分析需求，将采集到的数据进行汇总整理，剔除采集失败或没有用户的台区数据，删除多余字段，增加缺失字段，并对不规范数据、空值数据做预处理，规范数据字段名称，为模型分析做好数据清洗工作。用电信息采集系统每 15min 采集一次用户侧数据，一天一共采集 96 个点，但配电自动化系统实时采集数据，且存在数据不完整问题，需要从大量的数据中进行采样。本节使用 JAVA 程序解析配电自动化系统 JSON 格式的数据，然后将其放入 DWS 数据库中。

交互方式：电网运行实时信息交互主要指配电网开关类遥测遥信类型数据，以 JSON 格式文件通过 Kafka 方式进行交互，以时间命名文件。数据为电网运行实时信息，包括配电网开关、配电网母线的电流（A 相、B 相、C 相）、电压、有功功率、无功功率。数据交互形式如表 3-9 所示。

表 3-9

表 3-9	数 据 交 互 形 式
接口名称	电网运行实时信息
数据流向	配电自动化系统→DWS
交互频率	5min
技术路线	Kafka

针对未采集到的整点数据，取时间差最小的临近点的数值（对于存在两个时间差最小的临近点，随机取其中一个点的数据）。用电信息采集系统中的用户侧数据为行式数据，配电自动化系统中的数据为列式数据，需要行转列或列转行进行数据匹配，然后进行相似度计算。在相似度计算时，涉及一些数据采集值为空的点，需要对空值进行填充或舍弃。对于一天中空值较少的数据，则舍弃该数据。若一天内 96 个点中，有 20％以上的点数值未采集成功，则当天的数值不参与相似度的计算。

3.6.3 电源点自动识别分析模型

3.6.3.1 数据分析模型

两条曲线的相似度一般采用相关系数来计算。相关表和相关图可反映两个变量之间的相互关系及其相关方向，但无法确切地表明两个变量之间相关的程度。著名统计学家卡尔·皮尔逊设计了相关系数（correlation coefficient），用以反映变量之间相关关系密切程度的统计指标。相关系数是按积差方法计算，以两变量与各自平均值的离差为基础，通过两个离差相乘来反映两变量之间相关程度。

选用简单相关系数来计算两条曲线的相关度。简单相关系数又称皮尔逊相关系数或者线性相关系数，定义为

$$r = \frac{\sum\limits_{i=1}^{n}(X_i - \overline{X})(Y_i - \overline{Y})}{\sqrt{\sum\limits_{i=1}^{n}(X_i - \overline{X})^2}\sqrt{\sum\limits_{i=1}^{n}(Y_i - \overline{Y})^2}} = \frac{COV(X,Y)}{\sigma(X)\sigma(Y)}$$

式中：r 的绝对值为 0~1，r 越接近 1，表示 X 和 Y 两个量之间的相关程度就越强；反之，r 越接近于 0，X 和 Y 两个量之间的相关程度就越弱。$|r|$ 的取值含义如表 3-10 所示。

表 3-10	$|r|$ 的取值与相关程度
$|r|$ 的取值范围	$|r|$ 的意义
0.00~0.19	极低相关
0.20~0.39	低度相关
0.40~0.69	中度相关

$|r|$ 的取值范围	$|r|$ 的意义
0.70～0.89	高度相关
0.90～1.00	极高相关

使用简单相关系数进行配电自动化供电间隔出线和用电信息采集的台区供电关口表的电压、电流、功率的相似度比较。分别计算配电自动化供电间隔出线和用电信息采集的台区供电关口表的电压、电流、功率的相似度，最后计算总的曲线相似度。

由于电流、电压、功率曲线涉及 A 相、B 相以及 C 相电流、电压、有功功率、无功功率以及总有功功率和总无功功率。采取先单相比较 A、B、C 三相，然后综合进行比较的方法进行分析，视在功率 S 为

$$S = \sqrt{Q^2 + P^2}$$

式中：Q 为无功功率；P 为有功功率。

以天为单位进行曲线相似度比较，综合多天的相似度比较结果实现主网电源点和用户的双向溯源。通过简单相关系数计算，比较观察时间窗内，配电自动化供电间隔出线和用电信息采集的台区供电关口表的电压、电流、功率的相似度，给出相似度前五的间隔或台区供电关口表的信息，实现主网电源点和用户的双向溯源。电源点识别过程如图 3-19 所示。

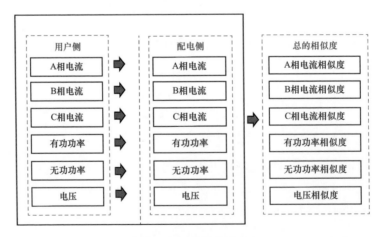

图 3-19　电源点识别过程

3.6.3.2　数据流转及运算

由于电流、电压、功率数据量很大，在 DWS 中直接计算容易导致内存溢出。采用 MRS 框架实现电源点自动识别。数据流转过程如图 3-20 所示。

MRS 的优势明显，主要表现在以下几个方面：

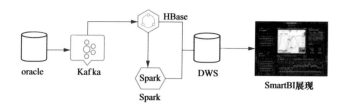

图 3-20　数据流转过程

（1）实时性强：利用 Kafka 实现海量配电自动化电流、电压、功率的消息实时接入。

（2）支持海量数据存储：利用 HBase 实现海量数据存储，并实现毫秒级数据查询。

（3）分布式数据查询：利用 Spark 实现海量数据的分析查询。

常规的业务数据计算通常基于 Oracle 数据库实现，当数据量达到一定限度之后查询处理速度会变得很慢且对机器性能要求很高。

通过多种数据集成技术，将营销业务应用系统档案的结构化数据、运行采集量测数据、配电自动化遥测数据统一汇聚整合到 DWS。通过批量数据抽取组件（Kettle）定期从营销业务系统中将档案数据更新至 DWS 中。采集监测数据（电流、电压、功率等）通过实时采集数据接入组件 Kafka 实现数据接入采集量测数据存储组件 HBase，并提供计算分析能力，实现采集监测数据一处接入、多处使用。准备 Hadoop 数据源 Hive 表数据，采用定时任务方式使用数据中台组件在数据中台里运行，采用 Spark 等组件读取 Hive 电流、电压、功率等数据，业务计算逻辑利用 Spark 的大数据内存计算，实现电流、电压、功率数据的实时处理。实现流计算和内存计算，将电源点识别分析结果保存入数据库中，支撑电源点识别技术应用。

通过基于内存计算的大数据分布式计算框架 Spark，提高大数据环境下数据处理的实时性，同时保证了高容错性和高可伸缩性。根据数据中台的分布式计算框架封装为算法组件，满足电源点识别技术的计算，减少数据流转链路，提高数据流转效率，支撑电源点识别技术应用。

3.6.4　拓展应用

通过营销业务系统变压器档案信息找到台区或用户对应的 PMS 设备 ID，然后与 GIS 中的设备 ID 关联，找到对应的设备实物资产编码，最后与配电自动化系统中的 PMSID 关联，与对应的电流和功率曲线进行相似度分析，并将其他主网源点相似度进行比较，在核验电源点与用户的对应关系是否正确的同时，可以辅助业务人员开展线变关系核查治理。通过计算结果，找到相似度最高的间隔或用户，进行现场核验，验证算法的正确性。

电源点自动识别技术通过简单相关系数算法，应用配电自动化系统和用电信息采集系统现有量测功能，通过比对同一时刻两系统的电压电流值，验证生产侧与用户侧对应关系的一致性。该算法操作简单、易于理解，使用数据中台的分布式计算框架可有效提升计算效率，便于操作人员理解与参数调优，有助于校验生产侧与用户侧对应关系的一致性。

在后续应用分析中，可以在营销系统变压器表中新增 GIS 系统设备编码，GIS 系统中变压器表中新增用户编号，实现高压用户的用户编号、变压器编号与电网 GIS 平台的电网资产设备变压器建立对应。营销系统中公用变压器以电网 GIS 平台中公用变压器为准，集成分界点以下的高压用户档案信息以营销系统为准，实现数据质量的同源管理。

4

配电网供电可靠性分析

电力是国民经济的基础产业，电能是国民经济各生产部门的主要动力，随着社会的发展和人民生活水平的提高，广大电力客户对电力供应的需求不仅在"量"上逐日剧增，而且在"质"上提出了更高的要求。电网供电可靠性的高低不仅直接关系到供电企业的经济效益，更代表着供电企业的服务水平。

配电网连接着输电网和用户，是电网向用户输送电能的唯一通道，配电网可靠性很大程度上决定了供电可靠性。因此电力公司历来都对配电网供电可靠性非常重视。配电网供电可靠性是电力系统可靠性三大组成部分之一，相对于发电及输电系统的可靠性研究，配电环节的可靠性研究一直处于较弱的水平。据统计资料显示，大约有 80％的停电事故是由配电系统故障造成。配电网覆盖面广、分支多、所处环境复杂、设备繁多，但维护人员却严重匮乏，这些因素在很大程度上降低了配电网的可靠性。因此，配电网供电可靠性的研究意义重大。

4.1 配电网户均停电时间分析

在供电管理过程中，供电可靠性是一项重要的衡量指标，而户均停电时间是衡量供电可靠性的重要指标。减少停电次数，提高供电质量和服务满意度，是增强市场竞争力的重要手段。在多种多样的配电管理系统中获取停电相关数据，包括线路、台区、涉及用户、停复电时间等多种明细，为数据统计分析奠定了基础。本节以大数据为背景，探讨配电网停电问题，开展配电网用户平均停电时间分析，针对停电次数多、停电持续时间长等问题，利用大数据分析挖掘技术，有效统筹、分析数据，将互联网技术在停电管理工作中发挥出优势，提出有效的改进方向及建议，实现停电管理的提升。

4.1.1 户均停电时间的分析方法

利用关联分析、统计分析法分析户均停电时间。

4.1.1.1 户均停电时间的概念

户均停电时间用于反映统计期间内用户平均停电小时数，以此反映该区

域停电管理水平，计算式为

户均停电时间＝∑（每次停电时间×每次停电用户数）/供电区域用户总数

通过计算不同地市、区县、供电区域等多维度的停电总时间［停电总时间＝∑（每次停电时间×每次停电用户数）］，可以得出该区域的户均停电时间，为配电网停电管理提供全面直观的展示，提高配电网停电管理的效率。

4.1.1.2　分析方法

主要是基于配电网系统中大量的停电明细数据进行数据收集、数据分析、影响分析。

（1）数据收集。从相关配电管理系统中采集停电数据，包括线路、台区、涉及用户、停复电时间等多种明细。设定采集电压为空，将终端停复电事件发生时间与电能表记录的电压缺失时间作为判断停电事件的依据，从用电信息采集系统中提取公用配电变压器（以下简称公配变）的停电信息，形成停电数据表，这样有效减少了因采集失败等问题导致的不真实停电数据，便于数据分析工作的开展。

（2）数据分析。在停电数据表中根据台区编号匹配台区下用户数，筛选出所需字段，形成户均停电数据中间表。对不在监测范围内、存在信息缺失、不准确、冗余的数据进行删除。

（3）影响分析。户均停电对促进安全可靠、经济高效、灵活先进的现代化配电网建设有重要意义。统计分析可以完整、全面、正确地反映客观现实，通过计算停电总时间的均值与标准差，反映停电总时间这组数据内个体间的离散程度，以此反映停电时间分布的规律性。进一步计算不同停电类型的均值与标准差，再与停电总时间做对比分析，了解各停电类型的数据特点，便于对不同类型的停电有针对性地进行管理，以此降低停电总时间，确保不高于户均停电时间的目标值。

4.1.2　户均停电案例分析

（1）数据收集。从电力用户用电信息采集系统中提取2019年某公司公配变的停电信息共计121813条，涉及22685个台区，涉及用户246.9万户。

（2）停电总时间分析。该公司全年停电总时间为4155.29万h，均值为341.12h，标准差为869.56h。分别统计高于、低于均值的直方图，如图4-1所示，可以看出低于时间均值的停电次数占总停电次数的75.32%，但停电总时间占比为18.59%；而高于时间均值的停电次数占比24.65%，停电总时间占比81.41%。停电总时间数据基本符合"二八定律"匹配关系，即在停电总时间这组数据中，重要的关键数据为均值以上的24.65%次停电。

（3）停电类型分析。在全年停电信息中，计划停电15302次，时间均值为691.27h，比全年时间均值高出350.15h，标准差为870.89h；非计划停电

106511 次，时间均值为 290.81h，低于全年时间均值 50.31h，标准差为857.71h，如图 4-2 所示。该数据反映出计划停电时间普遍较长，非计划停电时间较短，但次数较多，因此针对计划停电需降低停电时间，针对非计划停电则降低停电次数。

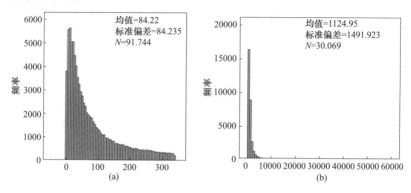

图 4-1 2019 年停电总时间分布直方图

（a）小于等于均值；（b）大于均值

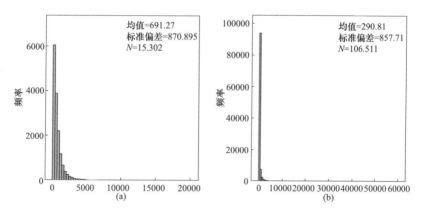

图 4-2 计划与非计划停电总时间分布直方图

（a）计划停电；（b）非计划停电

（4）不同区域户均停电时间分析。该公司户均停电时间为 10.92h/户，以下分别按地市公司、区县公司、供电区域三种维度进行计算分析（见表 4-1、图 4-3 和图 4-4），可针对户均停电时间较高的公司或区域优先安排整治。

表 4-1　　　　　　　　　　各地市户均停电时间分析　　　　　　　　　　（h/户）

单位名称	2019 年户均停电时间	2019 年目标值	与目标值差值
A 公司	6.06	10.02	−3.96
B 公司	9.34	10.02	−0.68
C 公司	10.70	10.02	0.68

单位名称	2019 年户均停电时间	2019 年目标值	与目标值差值
D公司	13.92	10.02	3.90
E公司	15.18	10.02	5.16
F公司	18.53	10.02	8.51

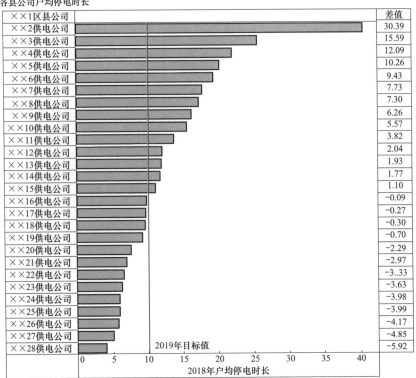

图 4-3　各县公司户均停电时间分析

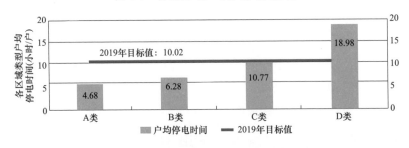

图 4-4　各供电区域类型户均停电时间分析

（5）频繁停电分析。全年发生过停电事件的台区共 22685 台，占该公司公变台区总数的 74%，涉及用户 246.9 万户，占低压用户总数的 65%。全年无停电事件的台区共 7959 台，占总数的 26%，涉及用户 132.49 万户，占总数的 35%。停电次数的统计分析如图 4-5 所示。

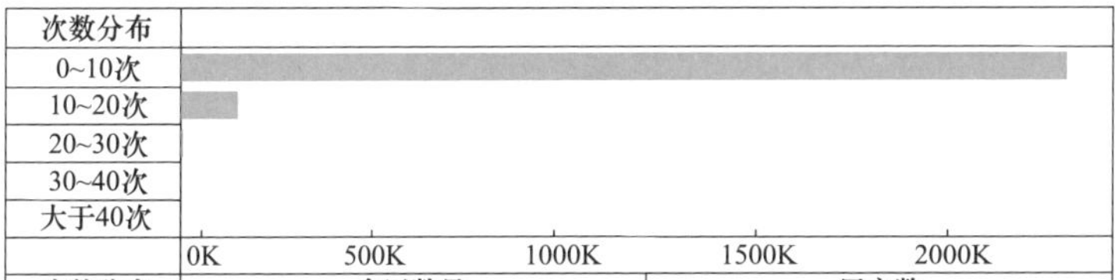

次数分布	台区数量	用户数
0~10次	20046	2300734
10~20次	2436	154837
20~30次	186	11365
30~40次	15	1788
大于40次	2	287

图 4-5　停电次数统计分析

4.1.3　应用成效

从数据方面，利用采集电压为空、且终端停复电事件发生时间与电能表记录的电压缺失时间相对应两项条件作为判断停电事件的依据，有效减少了因采集等数据问题导致的不真实停电数据，从而减少了数据清洗的工作量，便于停电管理工作的开展；将户均停电数据进行统计分析，利用均值、标准差等反应停电数据的离散程度，进一步从计划停电、非计划停电中找出停电事件的规律。

从管理方面，以公配变为口径统计停电事件，更便于计算停电用户数与停电总时间，针对户均停电时间指标进行有效把控。根据计划停电、非计划停电数据反映出的特性，有效针对不同停电类型提出相应改进方向，以提高停电管理水平，有效减少停电次数与停电时间，保证户均停电时间低于目标值。

对大数据的分析、挖掘、抽取、加工，使这些数据变得更有价值，协助电网决策，以停电范围最小、停电时间最短、停电用户最少为方向，来制定最优的配电网停电方案，为用户提供优质供电服务的同时，也促进电网的良性发展。大数据时代的到来正在改变我们的思维方式，大数据不仅仅带来技术进步，还为企业的发展理念、管理体制和技术路线等方向带来了重大变革。

4.2　配电网户均配电变压器容量分析

户均配电变压器容量的研究是地区配电系统规划的重要内容之一，直接关系到该地区电力供应的可靠性以及改造的经济性评价，合理地选择户均配电变压器容量，不仅可以有效地指导供用电部门进行合理经济的投资，对配电变压器的经济运行也起着关键作用。利用大数据分析方法，在广泛收集配电网台区现状的基础上，分析户均配电变压器容量影响因素，确定配变容量优化方案，明确配电网投资方向，能为提升城乡供电能力和电能质量提供有效参考。

4.2.1 监测分析思路

（1）分析省、市、县（公司）电网的户均配电变压器容量及与目标值的对比情况，查看区域内户均配电变压器容量的分布情况，比较市、县（公司）与目标值的差异。

（2）将台区重载的发生情况与户均配电变压器容量进行关联分析，找出户均配电变压器容量较低的台区。

（3）以典型居民小区为例，利用回归分析法和平均值法对居民负荷特性进行分析和负荷预测。

（4）利用负荷特性分析、负荷预测结果，结合配电网规划相关需求，给出户均配电变压器容量改造相关建议。

户均配电变压器容量分析总体框架如图 4-6 所示。

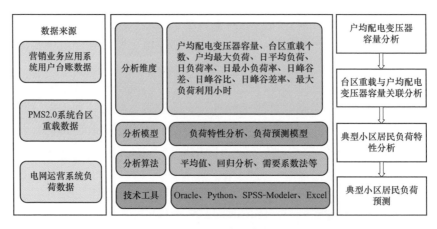

图 4-6 户均配电变压器容量分析总体框架

4.2.2 居民负荷特性分析方法

4.2.2.1 居民负荷特性分析

利用回归分析法和平均值法对居民负荷特性进行分析。回归分析法主要通过处理所获得的统计数据，确定几个特定变量之间的数学关系形式，即建立回归模型，并对回归模型的参数进行估计和统计检验，来分析影响因素对预测对象的影响程度。可以借此求出设备的需用系数、同时率，并可用于负荷指标的预测。平均值法是利用不同方法来计算数据的平均值从而得到需要的信息。中值法、期望值法、加权平均值法等方法均是平均值法，在负荷特性分析中，平均值法作为常用方法，可用于计算负荷年均增长率、户均最大负荷、负荷密度等负荷特性指标。

4.2.2.2 居民用户数预测

对于已建成或者有建设方案的居民区，可以直接统计用户数，而对于没有建设方案或者未建设的居民区，则需要进行用户数预测。通常可以采用基于城市、社区规划方案的用户数预测方法。根据城市规划中各地块的用地性质、占地面积、容积率、建筑面积等详细数据参数，参考现有相同区域或相似区域，对该居民区的用户数进行预测。计算得到用户数 N_{res} 的具体公式为

$$N_{res} = \frac{V_R \times S_A \times S_C}{S_{av}}$$

式中：N_{res} 为用户数；V_R 为容积率；S_A 为占地面积；S_C 为建筑面积；S_{av} 为户均面积。

4.2.2.3 居民负荷预测

常用的居民负荷预测方法有自然增长率法、综合用电水平法、单位指标法和需要系数法等。本节采用需要系数法来对居民负荷进行预测。需要系数是在一定的条件下根据统计方法得出的，它与用电设备的工作性质、设备效率、设备数量、线路效率以及生产组织和工艺设计等诸多因素有关，可以将这些因素整合为一个用于计算的系数，即需要系数，有时也称为需用系数。显然，在不同地区、不同类型的建筑物内，对于不同的用电设备组，用电负荷的需要系数也不相同。利用需要系数法进行负荷预测的计算公式为

$$P_{pre} = K_x \times P_{tot}$$

式中：P_{pre} 为预测的负荷总量；K_x 为需要系数；P_{tot} 为规划区用电设备总容量。

需要系数表示不同性质的民宅对电器负荷的需要和同时使用的一个系数，与用电设备的工作性质、使用效率、数量等因素有关。一般而言，当用电设备组内的设备数量较多时，需要系数应取较小值，反之则应取较大值。设备使用率较高时，需要系数应取较大值，反之则应取较小值。

4.2.3 应用成效

4.2.3.1 户均配电变压器容量实践分析

该部分以某省的 6 个市（公司）为例进行户均配变容量实证分析。利用平均值法，计算 2019 年、2020 年实际户均配变容量，与配电网规划的实际目标值进行对比分析。当户均配变容量值低于目标值时，计算并预测新增配电变压器容量。分析结果如表 4-2 所示。

表 4-2 户均配电变压器容量实践分析

单位名称	2019年户均配电变压器容量(kVA/户)	2020年目标值户均配变容量(kVA/户)	户均容量差值(kVA/户)	2016~2019年用户平均增长率	2019年用户数(户)	2020年预测用户数(户)	2019年预测新增配电变压器容量(万kVA)
公司1	3.93	2.81	1.12	8.26%	97767	105842	0.00
公司2	2.85	2.81	0.04	6.77%	477926	510302	0.00
公司3	2.61	2.81	−0.20	6.54%	1381646	1471950	30.13
公司4	2.70	2.81	−0.11	5.49%	530057	559180	6.00
公司5	2.49	2.81	−0.32	6.11%	472107	500970	15.84
公司6	2.41	2.81	−0.40	6.60%	390565	416345	16.67

分析结果显示，公司 1 和公司 2 均已达到规划的目标值，公司 3、公司 4、公司 5 和公司 6 均未达到规划的目标值，需新增配电变压器容量。

4.2.3.2 县（公司）户均配电变压器容量分析

以 27 个区县公司为例，利用平均值法，计算 2020 年实际户均配电变压器容量，与配电网规划目标值进行对比分析。当户均配电变压器容量值低于目标值时，计算并预测新增配电变压器容量值。分析结果如图 4-7 所示。

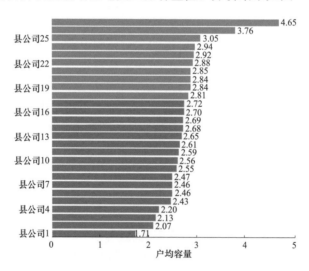

图 4-7 县（公司）户均配电变压器容量

4.2.3.3 户均配电变压器容量与台区重载关联分析

通过市、县（公司）户均配电变压器容量的计算，同时将户均配电变压器容量与台区重载做关联分析，统计各公司连续两年发生 5 次以上重载台区个数。其结果能够很直观地为下一步配电网规划提供参考，同时能够发现部分档案挂接关系问题，督促管理水平的提升。分析结果如图 4-8 所示。

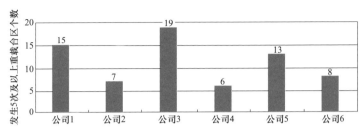

图 4-8　市（公司）发生 5 次及以上重载台区个数

选出 3 个典型小区，分析计算其户均配电变压器容量，分析结果如表 4-3 所示。

表 4-3　　　　　　　小区重载次数与户均配电变压器容量分析

名称	重载次数（次）		户均配电变压器容量（kVA/户）	
	2019 年	2020 年	2019 年	2020 年
小区 1	19	23	1.41	1.38
小区 2	30	45	0.85	0.79
小区 3	20	52	0.88	0.76

分析结果显示，两年内，这些小区的重载次数均在增加，且户均配电变压器容量均有不同程度降低，可见，现有的户均配电变压器容量已不能满足居民用户用电量的增长。

4.2.3.4　典型居民小区负荷特性分析

选取重载次数发生较多的三个典型居民小区进行负荷特性分析，采集小区 1、小区 2、小区 3 的每小时负荷值，得到这三个小区的负荷特性指标。分析结果如表 4-4 所示。

表 4-4　　　　　　　　典型居民小区的负荷特性指标

负荷特性指标	小区 1		小区 2		小区 3	
	2019 年	2020 年	2019 年	2020 年	2019 年	2020 年
户均最大负荷	0.88	0.99	1.42	1.5	1.41	1.8
日平均负荷	848	1588	1146	1208	927.79	1092.5
日负荷率	13.32%	13.31%	67.50%	61.36%	0.67%	0.58%
日最小负荷率	34.68%	37.20%	21.46%	35.04%	30.30%	11.32%
日峰谷差	886.33	1640.33	562.73	1250.51	966	1230
日峰谷比	2.88	2.78	2.44	2.85	3.3	8.84
日峰谷差率	65.32%	63.99%	59.02%	64.96%	69.70%	88.68%
最大负荷利用小时（h）	1249.82	1158.9	1533.9	1456.89	1515.15	1517.01

典型居民小区的负荷预测结果如表 4-5 所示。

表 4-5   **典型居民小区的负荷预测结果**

名称	居民户数	户均建筑面积（m²）	用电指标（W·m²）	需要系数	2025年负荷预测（kW）	2030年负荷预测（kW）
小区 1	2864	77.91	70	0.35	4750	5467
小区 2	1285	186.94	50	0.4	2580	4204
小区 3	982	135	40	0.45	1798	1856

从表 4-4 可以看出，三个小区的户均最大负荷、日平均负荷、日最小负荷率、日峰谷差、日峰谷差、日峰谷差率呈逐年上升趋势，最大负荷利用小时基本呈下降趋势，说明居民最大负荷逐年上升，波谷与波峰差增大，这样会导致设备利用率降低，如果不能合理配置配变容量，则会导致配电变压器在最大负荷时可能会发生重过载现象，但是假如配电变压器容量过大，则会使得最小负荷时设备利用率低。

因此需要相关部门根据经济运行区间考虑、计算居民常用配电变压器的最佳负载率、经济运行区下限、最佳经济运行下限，结合 A、B、C、D 类供电分区的供电要求及城乡居民不同负荷特性，合理选取配电变压器经济运行区间，分别建立适应于各个供电分区的配变经济运行区间。考虑各个区域经济发展不平衡、同一区域城乡发展不平衡等因素影响，各地负荷密度指标的不相同，针对国家电网对负荷密度进行的供电区域划分，选取不同的配电变压器经济运行区间，建立基于供电区域的户均配变容量的差异化标准，合理配置户均配电变压器容量。

在业务方面，开展户均配电变压器容量摸底，本着"小容量、密布点"的原则，合理制定可实施的配电变压器建设和改造方案，对户均配电变压器容量较低且发生重过载的台区优先安排治理。同时加强台区运维管理，调配在运变压器的用户数和容量，重点关注新增负荷、周期性负荷、老旧小区及商业区负荷，提高供电服务质量。

4.3 配电变压器重、过载风险预警分析

台区作为面向低压用户的最末一级供电单位，台区供电设备的运行状态直接影响台区内的供电质量。设备的重、过载运行是引起故障停电的主要原因之一，而重、过载现象通常也伴随着三相不平衡、电压偏移等其他问题，严重影响用户安全可靠用电。此外，设备长时间处于重、过载状态会加快元件的非正常损耗，降低设备使用寿命，给电网带来故障隐患和运行风险。因此，台区重、过载治理一直是配电网运维检修工作的重要内容。

目前，对于台区的重、过载治理通常分为事中监测和事后处理两个阶段，即实时监测配电变压器运行情况，在发现重、过载事件后，向运维人员发出告警信息，然后由现场专工根据具体情况采取相应措施进行处理。在大部分情况下，考虑到实际情况中允许设备短时间重、过载运行，为保证持续供电，对一般的重、过载事件只进行监测，对频繁出现重、过载的配电变压器进行报备，并列入周期性技术改造大修计划。对于可能或已经造成停电的重、过载事件，可以通过切改用户配电变压器或临时替换大容量变压器消除重、过载现象，但临时停电依然不可避免。在现有设备水平和电网运行技术条件下，较为理想的重、过载治理方式仍是通过合理地安排技术改造大修计划，及时进行调整用户配变和配变增容，减少非计划停电。因此开展重过载风险预警分析，对于及时发现重、过载隐患、优化设备升级改造计划具有重要作用。

4.3.1　台区重、过载风险预警方法

台区重、过载风险预警研究大致分为以下三个阶段。

（1）数据收集与预处理：从各个业务系统中获得原始数据后，对重过载相关数据项进行初步筛选和清洗，量化分析目标和样本规模。

（2）重过载影响因素分析：从原始数据中抽取或设计特征变量，通过多变量多层关联找到单个变量或变量组合与重过载事件之间的强弱关联。

（3）重过载预测模型训练：结合上一阶段中获得的相关特征构造机器学习模型，通过历史数据样本对重过载模型参数进行训练及效果评估。

上述研究思路可以进一步分解为以下步骤，如图 4-9 所示。

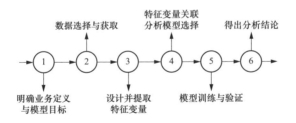

图 4-9　整体研究思路

4.3.2　模型设计与实现

4.3.2.1　明确业务定义与模型目标

长期以来，重、过载管理水平不高导致业务上对于重、过载的判定过于简单模糊，没有统一的标准。因此，必须对重、过载定义做出清晰、可执行的限定。此外，需要结合业务需求明确模型的技术目标，包括模型的预测精度、预测效率、预测时间跨度等，模型的目标一定程度上决定了特征变量和模型架构的选择。

在电网 PMS2.0 中负载率为 $80\% \sim 100\%$ （含 80% 及 100%），且持续 2h 视为重载；负载率超过 100%，且持续 2h 视为过载。

在模型目标方面，模型结果必须能够与业务环节形成衔接，才能实现模型的应用价值。这就要求模型预测结果必须与目前配电变压器重、过载治理方法和周期匹配。针对重、过载现象，目前电网侧的治理手段包括以下两个方面：

（1）对用户进行临时线路切改，这种调整方式相对便捷，处理周期短，但由于台区用户情况复杂，部分重、过载台区可能不具备调相条件。

（2）通过设备升级改造，永久性解决重、过载问题，但该途径周期较长，不适用于突发情况。结合数据支撑情况和业务流程，对重、过载预测的目标确定为：预测精度以天为单位，预测时间跨度不低于 3 天。

4.3.2.2　数据选择与获取

重、过载现象本质上反映了相对静态的电源容量不能满足某些条件下的用户用电需求。台区内的用户类型、用户数量、用电行为等不同程度上决定了用户的用电负荷特征。进一步扩展来看，用户方面的各项变化又受到天气、时节、群体活动、经济波动等众多自然环境与社会环境的影响。此外，设备自身的缺陷以及台区拓扑的不合理同样会导致重、过载的发生。恶劣的运行环境引起的设备非正常损耗也会增加重、过载风险。

通过数据调研，在充分考虑数据获取途径和难度后，确定数据模型如图 4-10 所示。内部数据包括某地市公司所属的所有配电变压器设备台账、台区用户的部分档案信息以及变更记录、配电变压器负荷曲线、配电变压器改造记录，覆盖近 3 万个台区。同时受数据粒度所限，外部数据选择了时间数据、节假日信息、各类气象指标等数据。

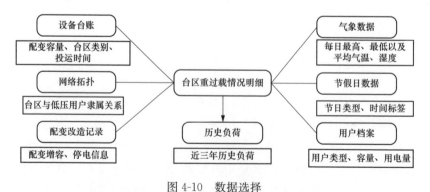

图 4-10　数据选择

数据的获取通过系统间接口完成。通过数据中台与业务数据中心进行数据集成，不直接与各源业务系统对接。业务数据中心直接将相关数据库表提供给数据中台及应用直接访问，以数据中台及应用接入数据，创建中间库，用户在中间库下创建接口视图，源数据根据中间库抽取数据到数据中台贴源层，或从数据中台数据转换接口获取数据到应用业务库（MySQL）。

4.3.2.3　设计并提取特征变量

重、过载现象受到台区下用户数量和用电行为的直接影响。但用户数量和用电行为会随着外界环境动态变化。而各项环境因素之间常常存在内部横向关联。因此在设计特征变量时，要保证特征变量之间的独立性。基于数据现状和特征独立性，选择部分原始数据字段设计以下三大类特征。

（1）静态特征：额定容量、设备型号、台区类型、用户构成比例。主要用于分析以上各维度下的重、过载配电变压器分布规律。

（2）时序特征：重要节假日标志、温度、湿度、空气质量指数等气象指标。主要用于分析期间各项指标下的重、过载台区随时间变化的趋势。

（3）衍生特征：从负荷曲线中提取的短期用电特征，用于分析短期用电特征与重、过载的相关性。

4.3.2.4　特征变量关联分析模型选择

每一次重、过载事件都可以形成一条关联特征向量，关联分析的操作对象是由关联特征向量构成的关联样本集。由于关联特征中同时存在离散型和连续型变量，为了尽量降低数据泛化对分析结果的影响，选择 Hot Spot 算法对关联样本集进行频繁模式挖掘。

4.3.2.5　模型训练与验证

通过特征变量关联规则确定影响重、过载发生的主要因素后，对重、过载事件的预测就可以看作数据挖掘中的预测问题，即通过若干条件综合判断某一类型重、过载事件是否发生。为了降低关联规则中各特征之间可能存在的共线性对模型预测效果的影响，同时防止对数据的过度拟合，选用深度逻辑网络（Deep Logi-cal Network，DLN）模型。模型结构可表示为

$$F = f(y)$$
$$y = k_0 + k_1 C_1 + k_2 C_2 + \cdots + k_i C_i$$

其中，$C_i = \begin{cases} 0, & a_i \notin A_i \\ 1, & a_i \in A_i \end{cases}$，$A_i$ 为该逻辑项的判断域。重过载事件样本 a_i 若满足判断条件，则 C_i 生效。判断域的范围由关联规则中的谓词确定。k_1，k_2，…，k_i 各项系数反映了该项特征对预测目标的影响程度，通过样本数据对模型进行训练自动获得。$f(y)$ 为对数函数，取值范围为（0，1），表示该样本发生重过载的概率。对于 DLN 模型，最大化似然函数和最小化损失函数实际上是等价的。因此在参数训练方法上，为了进一步降低逻辑项之间可能存在的共线性影响，采用了基于不完全数据的混合最大似然估计（Maximum

Likelihood Estimation，MLE）方法。在模型验证方面，采用柯尔莫可洛夫—斯米洛夫（Kolmogorov-Smirnov，K-S）校验方法，比较样本数据的累计频数分布与理论分布，若两者间的差距很小，则推论该样本取自某该类重过载样本集。方法整体流程如图 4-11 所示。

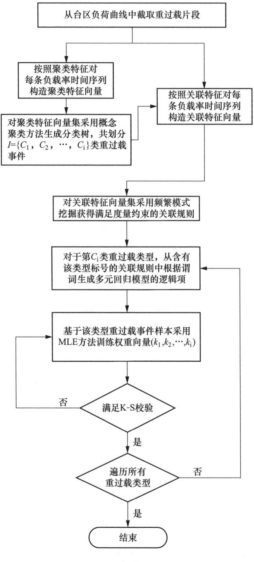

图 4-11　模型整体流程

4.3.3　实践案例

以 2018～2020 年配电变压器负荷数据、气象历史数据以及客户档案数据，以每组 2000 条样本进行多次训练得到模型，所有的重、过载模型构成完整的重、过载模型库，给出对重、过载事件是否发生的逻辑判断，实现对重、过载事件的综合判断。

通过配电变压器重、过载风险预警分析给出优化治理措施，使得公用配电变压器重、过载问题得到了有效控制。以某地市公司为该模型的应用试点，对实际发生的 256 条重、过载和实际未发生的 150 条重、过载数据进行验证，预测到 232 条发生重、过载，实际发生 216 条，预测准确率达 84%。预测如图 4-12 所示。

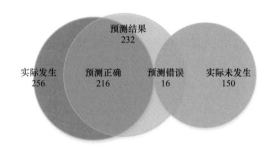

图 4-12　预测结果

该模型优化和完善了公用配电变压器重过载的相关系统，实现了对台区负荷的调整，通过分析发现配电变压器重、过载的发生原因有以下三大类：

（1）配电变压器技术落后于负荷增长需求。城市化进程持续加快，对电力负荷需求猛增，变压器容量较低，难以达到不断增加的负荷需求，成为公用配电变压器重、过载的一大成因。

（2）配电变压器重、过载治愈率低。低压改造多数依赖于老旧经验，未利用信息化的手段对重、过载的原因进行深入分析，制定的整改措施没有针对性，整改效果不明显。

（3）气候变化的干扰。天气、气候变化也会导致配电变压器重、过载，特别是夏季高峰用电时期。因为高温、燥热，此时会有大量的空调等电器设备投运，导致电网负荷加重。

4.4　配电网低电压成因监测分析

低电压指用户计量装置电压值低于国家标准规定的电压下限值，即 20kV 及以下三相供电用户计量装置电压值低于标称电压的 7%，220V 单相供电用户计量装置电压值低于标称电压的 10%，是较为常见的配电网供电质量缺陷，同时也是影响配电网供电的安全隐患之一。目前，对于台区出口低电压产生原因的确定，需要人工调取多个系统数据，结合现场实测和丰富的工作经验，才能综合判断，而且容易受到数据失真的干扰，因此对导致低电压真实原因的确定核查难度较大。利用大数据技术和机器学习算法，对海量电力数据进行识别分析，建立有效的配电网低电压成因诊断监测分析模型，为从源头治理低电压提供参考，实现配电网线路及台区低电压成因人工智能诊断与智能化控制，能有效提高配电网低电压运维效率，提升台区电压合格率以及用户用电质量。

4.4.1 监测分析思路

以国家标准 GB/T 12325《电能质量供电电压偏差》为理论依据，通过 K-Means 聚类算法、遗传算法、优化支持向量机等算法，建立台区低电压成因监测分析模型。监测过程主要分为以下四个步骤：①构建低电压基础数据模型；②通过 K-Means 聚类算法对低电压分析进行聚类；③对低电压成因进行标示编号；④利用遗传算法对聚类结果进行训练，并对分类模型进行诊断验证，从而实现对低电压成因的诊断监测。流程框架如图 4-13 所示。

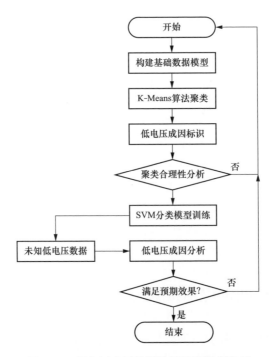

图 4-13　低电压成因监测分析总流程框架图

4.4.2 监测分析模型构建

4.4.2.1 数据准备

基于大数据和机器学习算法的配电网低电压成因监测分析所需数据来源于营配调跨业务系统融合的海量数据,具体包括:从用电信息采集系统和DMS系统获取用户数据智能表编号、地址、挂接配变编号等用户静态数据,以及A、B、C相电压,A、B、C相电流,正、反向有无功,功率因数等用户动态数据;从营销业务应用系统和PMS2.0系统获取额定容量,出口线路截面面积,A、B、C相用户数,总用户数,商业和居民用户数,最大供电半径等配变静态数据,以及出口A、B、C相电压和出口电压等配变动态数据。数据获取架构如图4-14所示。

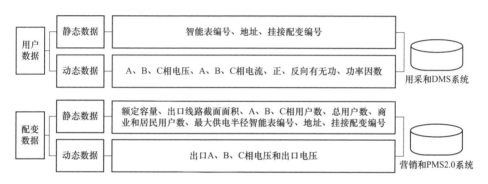

图 4-14 低电压成因监测数据获取架构图

4.4.2.2 数据预处理

直接从数据库获取到的负荷数据是复杂的异构、多维度、粗糙数据,在进行负荷分类之前,需对原始数据进行清洗和预处理,包括不良数据的辨识和修正、数据标准化和无量纲化归一化处理等。此次采用极值序列归一化方法,将所有数据的归一区间定为[0,1],数据归一化处理的表达式为

$$x'_{ij} = \frac{x_{ij}}{\max[x_{i1}, x_{i2}, \cdots, x_{in}]}$$

式中:$\max[x_{i1}, x_{i2}, \cdots, x_{in}]$ 为第 i 种数据向量 x_i 中元素的最大值。

4.4.2.3 K-Means 聚类改进算法

在样本选取、数据预处理和分类指标确定后,选择合适的聚类算法进行负荷分类。K-Means 聚类算法实现简单,可用性强,但有诸多不足,如初值选取的随机性使结果不稳定,容易受孤立点影响,聚类个数无法选择等。为克服 K-Means 聚类算法受主观因素影响而造成聚类结果陷入局部最优问题,对原始算法进行如下改进,即基于密度策略选择初始聚类中心,之后利用

DBI 指标选择最优确定聚类个数。

计算数据集中每个数据所处区域的数据密度，将密度最大的点作为第 1 个初始聚类中心 z_1，并将与 z_1 距离最大的点作为第 2 个初始聚类中心 z_2，作为第 3 个初始聚类中心的数据对象 x_i 应满足 $\max\{\min[d(x_i, z_1)], \cdots, \min[d(x_i, z_{k-1})]\}$，直到选择的初始聚类中心个数达到目标数量。

利用 DBI 指标选择最优聚类个数，其中 DBI 指标形式为

$$DBI = \frac{1}{k}\sum_{i=1}^{k}\max\left\{\frac{S_i + S_j}{d_{ij}}\right\}$$

式中：S_i 为第 i 个类内的数据对象分散程度；S_j 为第 j 个类内的数据对象分散程度；d_{ij} 为第 i 个和第 j 个类间距离；k 为聚类数目。类内对象分散程度越小，类间距离越大，聚类效果越好，DBI 指标也越小。最小的 DBI 指标对应的 k 是最佳聚类个数。

4.4.2.4　分类算法

支持向量机是基于结构风险最小化原理的机器学习方法，是一种能够充分利用有限学习样本获得较强泛化能力的决策函数。在具体应用过程中，如何选择关键参数是关键问题，参数选择决定了支持向量机学习能力和泛化能力。

优化支持向量机参数的主要方法有网格法、梯度下降法、粒子群算法、遗传算法等，其中遗传算法的基本要素主要包括染色体编码方法、适应度函数、遗传操作以及运行参数的设置。采用二进制法对个体进行编码成一个二进制串，使用适应度函数来评价个体优劣性，以台区低电压训练集的分类准确率作为适应度函数来评价每个个体。采用"轮盘选择法"进行选择操作。以"单点交叉"方式和"基本位变异"方式分别进行选择、交叉与变异操作，以形成新的染色体。

给定训练样本 $\{x_i, y_i\}$，其中 $i = 1, 2, \cdots, n$，为样本总数，$x_i \in R^d$，d 为 R^d 空间的维数，$y \in R^d$。用非线性映射 $\varphi(\cdot)$ 将样本从原空间映射到高维（k 维，$k > d$）特征空间中，在这个空间中构造的最优线性回归函数为

$$f(x) = w^T \cdot \varphi(x) + b$$

式中：x 是样本向量；w 是权向量；b 表示分类阈值。

支持向量机在利用结构风险原则时，使用误差 ε_i（允许错分的松弛变量）作为优化目标中的损失函数，优化问题转化为

$$\min\varphi(w) = \frac{1}{2}\parallel w \parallel^2 + c\sum_{i=1}^{n}\varepsilon_i$$

约束条件为

$$y_i \left[w^T \varphi(x_i) + b \right] \geqslant 1 - \varepsilon_i, \varepsilon_i \geqslant 0, i = 1, 2, \cdots, n$$

式中：c 为惩罚因子，用于控制模型复杂度，实现经验风险和置信范围的折中；ε_i 为松弛因子。用拉格朗日法求解上述优化问题，可得

$$L(w, b, \varepsilon, \alpha) = \frac{1}{2} \parallel w \parallel^2 + c \sum_{i=1}^{n} \varepsilon_i - \sum_{i=1}^{n} \alpha_i \{ y_i \left[w^T \varphi(x_i) + b \right] - 1 + \varepsilon_i \}$$

式中：ε_i（$i = 1, 2, \cdots, n$）为拉格朗日乘子，优化问题转化为如下的二次规划，即

$$\max W(\alpha) = -\frac{1}{2} \sum_{i,j=1}^{n} \alpha_i \alpha_j y_i y_j K(x_i, x_j) + \sum_{i=1}^{n} \alpha_i$$

约束条件为

$$\sum_{i=1}^{n} \alpha_i y_i = 0, 0 \leqslant \alpha_i \leqslant c, i = 1, 2, \cdots, n$$

$K(x, y)$ 为核函数，且 $K(x, y) = \varphi(x) \cdot \varphi(y)$，支持向量机方法利用核函数方法将低维数据非线性映射到高维，常见核函数有高斯核函数、多项式函数、线性函数等。由于高斯核函数具有较强的泛化能力，因此选用高斯核函数，其表达式为

$$K(x, y) = \exp \left[-\frac{(\parallel x - y \parallel^2)}{2\delta^2} \right]$$

4.4.2.5　分类算法流程

由于上述采用高斯核函数构造支持向量机模型，因而模型的参数有惩罚因子 c、核宽度参数 σ 和函数拟合误差 ε。由于 ε 对支持向量机影响比较小，所以只考虑参数 σ 和 c，通过遗传算法优化该两项参数。具体算法运行步骤为：

（1）初始化支持向量机模型。

（2）设置遗传算法参数。

（3）计算每个参数的适应度值。

（4）根据获得的适应度值，对参数进行选择、交叉和变异操作。

（5）当迭代次数达到所要求的最大迭代次数或者获得了满足要求适应值时，终止迭代，否则继续进行选择、交叉和变异操作，直至确定最优解。流程如图 4-15 所示。

4.4.3　应用成效

4.4.3.1　台区低电压成因归类

台区发生低电压主要与供电距离过大、电压线路导线截面偏小、供电负荷过大、功率因数偏低以及三相功率不平衡有关。针对以上造成配电网低电压问题技术层面的主要原因，确定台区低电压成因识别模型指标体系，并依此收集典型台区相关数据，如图 4-16 所示。

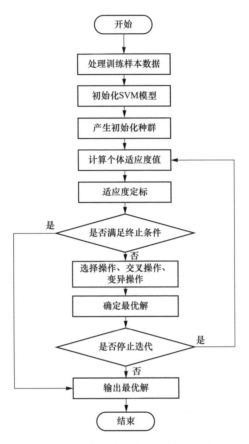

图 4-15 基于遗传算法的支持向量机分类流程图

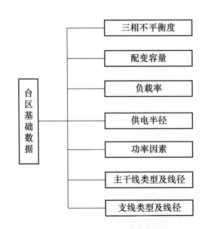

图 4-16 台区低电压成因识别指标体系图

4.4.3.2 台区低电压成因识别监测分析结果

按照构建的模型，对数据进行归一化处理后，利用 K-Means 聚类算法聚类筛选后，选取 17 组典型台区的指标体系数据，前 12 组台区数据作为训练集，后 5 组数据作为测试集，将训练集台区各特征数据导入支持向量机台区低电压成因识别模型中，利用遗传算法优化 SVM 参数，确定交叉验证意义下最佳的惩罚因子 c 和核宽度参数 σ，提高分类的准确性。选定核函数为高斯核函数，核函数 σ 参数初始值为台区低电压成因识别模型中指标数目的倒数。遗传算法寻优过程中设定交叉验证折数为 5，进化代数为 100，种群数量为 20，交叉概率 0.8，变异概率 0.05，参数 c 和参数 σ 的寻优范围均为 0～200。同时标记成因：三相不平衡度、配电变压器容量、负载率、功率因数、供电半径、主干线线径和类型、支线线径和类型依次为编号"1～9"。在交叉验证意义下，最佳惩罚因子 c 为 2.1572，核宽度参数 σ 为 1.8259，在此状态下，训练集的分类准确率 91.667%，根据台区低电压成因识别模型，其中编号"6""4""1""5""3"是待测台区的低电压成因结果类型，如表 4-6 所示。

表 4-6　　　　　　台区低电压成因识别监测分析结果

台区	编号	成因
A	6	主干线线径细
B	4	功率因数低
C	1	三相不平衡
D	5	供电半径过大
E	3	负载过大

4.5　配电网可开放容量智能分析

进行配电网设备可开放容量管理，精准计算并公开发布配电网可开放容量数据，对公司内部、对社会公众都具有较大的应用价值。通过精准计算和研判配电网设备年度、月度可开放容量数据，可以直接精简大部分业扩项目在电网企业内部的会商流程，营销部门可以直接答复客户用电申请，快速响应客户需求，减少供电方案编制环节和时长。对社会公众而言，通过在基层各供电所和营业厅，公布并及时更新配电网设备可开放容量数据，供客户自行查询了解，可以有效增加服务内容，使用户能选择供电裕度充裕的电源接入点，减少客户用电专项投资，降低客户"获得电力"投资成本。

4.5.1　配电网可开放容量管理模型

围绕提升"获得电力"指数的目标，以业务应用为导向，建立适应数据共享和挖掘应用需求的设备可开放容量管理模型。通过融合多业务系统数据，研究应用大数据分析模型，开创性对外、对内共享配电网设备可开放容量数据，预测设备可开放容量，方便基层工作人员和社会公众在供电所、营业厅使用。利用该管理模型,有效缩减用电客户业扩报装流程和时长,降低客户获得电力投资成本,提升供电服务水平和供电可靠性,优化电力营商环境。可开放容量管理模型如图 4-17 所示。

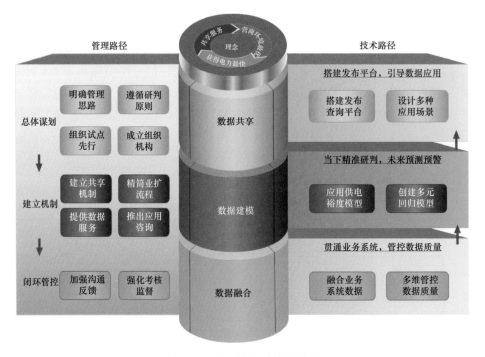

图 4-17 可开放容量管理模型

以数据为战略资产,通过"加工"实现数据增值,汇集并匹配融合原来分散在不同业务部门的数据,自动计算全量设备的年度、月度供电能力储备数据,再按照计算原则,综合研判确定设备可开放容量数值。建立数据共享平台,对社会公众和公司内部进行可开放容量数据共享,构建数据服务机制,引导落实应用。强化考核监督,实现全过程闭环管理,最终形成一套集数据融合、计算预测、共享服务、应用分析等环节的配电网设备可开放容量管理体系。

4.5.2 配电变压器最大负荷预测

4.5.2.1 模型构建

通过大数据平台提取设备档案数据、设备负荷类数据、气候相关指标、用户数据、及特殊事件的信息,构建多维度的指标集合,运用聚类分析、相关分析等方法对指标进行降维筛选,找出影响负荷变化的主要特征,通过多次迭代优化模型拟合效果,得出相对最优的函数关系,用来计算配电变压器未来近一个月的最大负荷。图 4-18 为多元线性回归模型构建的流程图。

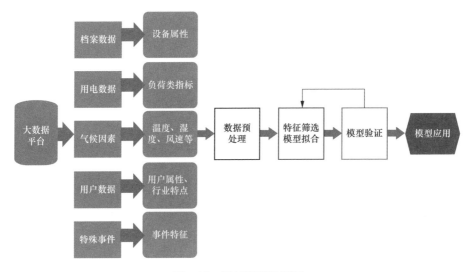

图 4-18　回归模型流程图

4.5.2.2　主要特征选择

对于初始的变量集合，其中含有冗余的、不相关的、相关性较小的变量，这些特征不仅对模型拟合没有实质性的贡献，反而会增加建模过程的难度，这一步，在不降低模型质量的情况下精简变量，排除无法利用和利用率不高的变量，简化建模过程，相关方法如下：

（1）R 型聚类。属于层次聚类，对变量集合进行分类，将具有相似特征的变量聚到一起，从中选择具有代表性的变量来参与分析，减少变量个数。变量间的相似程度主要通过变量间的距离来衡量，即

$$D = \sqrt{\sum_{i=1}^{k} (x_i - y_i)^2}$$

式中：k 表示每个变量有 k 个值；x_i 表示第一个变量在第 i 行数据上的取值；y_i 表示第二个变量在第 i 行数据上的取值。

Pearson 相关系数及相关系数矩阵。Pearson 相关系数是描述两变量线性相关强度的统计值，取值范围为 [−1，1]，当相关系数的值越接近于 1，正相关关系越强，当相关系数的值越接近于 −1，负相关关系越强，当两个变量线性相关关系较弱时，相关系数接近 0。相关系数定义为

$$r = \frac{\sum_{i=1}^{n} (x_i - \bar{x})(y_i - \bar{y})}{\sqrt{\sum_{i=1}^{n} (x_i - \bar{x})^2 (y_i - \bar{y})^2}}$$

式中：x_i 为变量 x 的第 i 行值；y_i 为变量 y 的第 i 行值；$\bar{x}$ 和 $\bar{y}$ 分别为变量 x，y 的均值。

一组变量间的 Pearson 相关系数矩阵，假如有 m 个变量，则构成一个 $m\times m$ 的相关系数矩阵，其第 ij 各元素为第 i 各变量和第 j 个变量的相关系数，可直观比对变量间的相关系数值的大小。

（2）向前选择法。从空集开始，模型中变量从无到有依次选择变量进入模型，根据变量在模型中的相关统计量结果及显著性水平判断是否符合选入模型标准，结合上面聚类结果和相关系数，优先选择各类中和预测变量相关系数较大的变量进入模型拟合，这个过程需要多次迭代、评估、拟合。向前选择过程如图 4-19 所示。

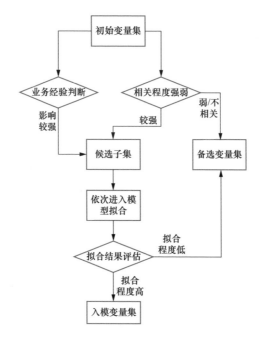

图 4-19　向前选择过程

（3）回归模型建立。配电变压器的负荷变化受多方面因素的影响，根据负荷曲线的反映情况，受季节因素影响效果明显。因此，回归模型拟合过程中引入季节因素作为虚拟变量（这里季节分为夏季、冬季、其他，用 1、2、3 代表）来更精准地预测配电变压器的最大负荷（见图 4-20）。

模型建立过程通过对指标集合降维筛选，选取对预测变量影响较大的变量带入模型拟合，评估拟合结果，最终得到模型的参数估计结果。本书引入季节因素的多元线性回归方程式描述为

代表季节为夏季时：$Y = \beta_0 + \beta_1 x_1 + \beta_2 x_2 + \cdots + \beta_k x_k + a_1 + \varepsilon$

代表季节为冬季时：$Y = \beta_0 + \beta_1 x_1 + \beta_2 x_2 + \cdots + \beta_k x_k + a_2 + \varepsilon$

代表季节为夏、冬之外的季节时：$Y = \beta_0 + \beta_1 x_1 + \beta_2 x_2 + \cdots + \beta_k x_k + a_3 + \varepsilon$

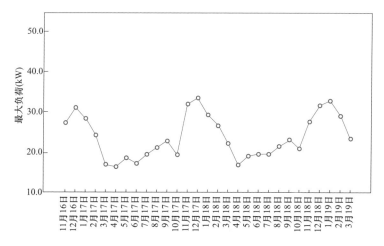

图 4-20　某配电变压器月最大负荷曲线图

式中：Y 为近一个月配电变压器的最大负荷预测值；x_1，x_2，x_k 为影响负荷变化的解释变量；β_0，β_1，β_k 为回归系数；a_1，a_2，a_3 代表季节所导致的变化。这里引入分类变量进入模型，增加了模型的复杂程度，但是预测得到的结果相对精度更准确。

（4）预测结果检验。如表 4-7 和图 4-21 所示，取至少两个周期的受季节变化影响的最大负荷数据和预测结果对比，并计算出误差，平均误差小于 8% 在可接受范围内，则预测结果可用于后续可开放容量的计算中。

表 4-7　　　　　　　　某配电变压器最大负荷预测值结果比对

时间	预测值（kW）	实际值（kW）	误差
2018 年 1 月	40.51	41.02	1.24%
2018 年 2 月	23.95	22.89	4.65%
2018 年 3 月	25.77	27.4	5.96%
……	……	……	……
2019 年 11 月	37.28	37.9	1.64%
2019 年 12 月	42.65	44.21	3.53
2020 年 1 月	43.3	43.34	0.11
2020 年 2 月	40.66	39.87	1.97

4.5.3　配电网可开放容量研判模型

4.5.3.1　可开放容量研判原则

（1）隐患和缺陷未消除时不可开放全部容量。

（2）自上而下逐级研判原则，上级容量不开放时下级设备亦不可开放容量。

（3）考虑客户用电的长期性、临时性或周期性，按年度和月度分别计算可开放容量。

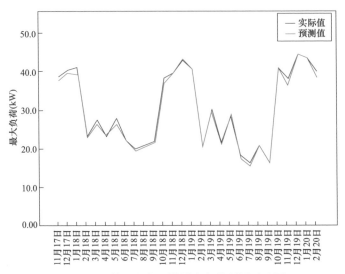

图 4-21　某配电变压器最大负荷预测对比图

（4）进行预警信息提取，按照设备评价图筛选长期空轻载和长期重过载
设备，并进行分析和预警。

4.5.3.2　配电网可开放容量研判

利用电网运营监测系统设备供电能力裕度计算分析模型，根据匹配的设
备档案信息和实时运行数据，进行在线分析和计算；再根据计算出的多个连
续的供电能力裕度值，结合设备上下级连接关系、健康水平等数据，综合研
判设备的可开放容量。配电可开放容量研判模型如图 4-22 所示。

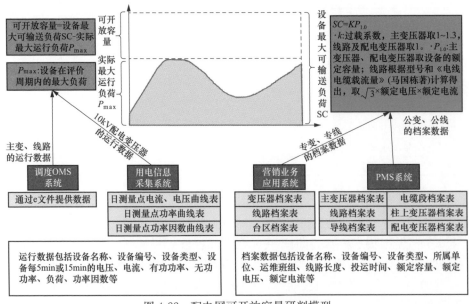

图 4-22　配电网可开放容量研判模型

图中，设备最大供电能力 SC 表示为

$$SC = kP_u$$

式中：k 为设备过载系数，主变压器一般取 $1.0 \sim 1.3$，线路及配电变压器取 1；P_u 为设备满足 N-1 安全准则时最大可输送负荷。

设备供电能力储备 SCR 表示为

$$SCR = SC - P_{max}$$

式中：P_{max} 为设备运行中的实际最大输送负荷。

设备供电能力裕度 SCM 表示为

$$SCM = SCR/SC$$

其中，设备可开放容量数值基于 SCR（设备供电能力储备），考虑负荷同时率判断得出，反映该设备在最大负荷时，剩余可用的供电容量。配电网可开放容量研判流程如图 4-23 所示。

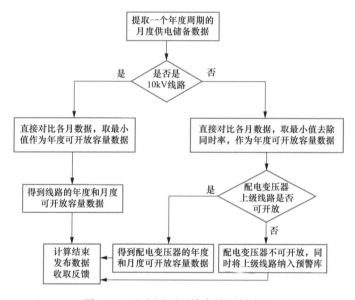

图 4-23　配电网可开放容量研判流程

4.5.4　可开放容量预警拓展应用

针对可开放容量的计算结果中的配电变压器的可用容量比率数据，预先判断设备运行健康程度，对符合表 4-8 中规则的对象数据给出相应规则的预警提示。相关工作人员可结合实际电力运行数据核查验证，对核实准确的配电变压器及时采取改进优化措施。对于和实际情况差别相大的数据，及时反馈给数据建模人员，以便优化模型，提高可开放容量计算的准确程度。

表 4-8　　　　　　　　　　配电变压器电力储备等级预警表

监测主题	监测规则	规则名称	判断规则	措施
配电变压器电力储备等级预警	L1	空载	$AR=1$	核查确定运行情况，合理规划负荷，有效利用电力资源，降低设备损害
	L2	轻载	$AR>0.8$ 且 $AR<1$	核查确定运行情况，合理规划负荷，有效利用电力资源，降低设备损害
	H1	负荷预警	$AR>0$ 且 $AR<0.2$	建议运维责任单位加强设备的运行状态监控，高峰负荷时段加强巡视、检测力度，确保设备安全运行，在用户申请接入时，考虑负荷增长变化影响，避免配电变压器发生重载
	H2	负荷预警	$A\leqslant0$	配电变压器处于不可开放状态，建议运维管理单位核查公配变运行情况，必要时应列入配电网建设或改造项目

4.6　配电网台区综合评价分析

配电变压器作为运检、营销、供服等各专业的业务重叠点，是营配调集成的重要节点，更是涉及民生的重要设备，但是当前配电网管理手段较为粗放，主要体现在以下方面：

（1）台区存在重复投资风险。当前台区项目储备工作以项目规划、政府规划等客观情况作为项目储备依据，但是由于政府规划的不确定性，存在变台重复投资风险，极易造成资源的浪费。

（2）"以大带小，以多带少"问题严重。按照前期配电设备建设，配电网设备负载能力往往极大的超出该地区实际负载使用情况，尤其是农网地区，常常存在变压器容量与变压器所带户数不匹配的情况，粗放型的项目规划已经不符合当前形势下的电网发展管理要求。

（3）台区改造投资存在盲目性。从前的台区项目储备仅依靠单个指标的高低作为台区是否需要改造、新建的依据，对台区的指标认识较为片面，未深入挖掘指标间的相关性，针对复杂的台区环节认识较为简单，投资效益比较低。

通过数据，对变压器进行数据画像，从数据看待变台运维中存在的实际问题并给予投资最少、收效最好的整改建议，实现项目管理的精准化实施。

4.6.1　台区综合评价方法

基于粗糙集的台区综合评价与分析指标体系，以建立的台区特征指标体系为基础，依据构建的分析模型，计算台区综合评价指标权重，通过评分的高低来分析、评价用户、低压配电网台区的整体情况。具体分析思路为：①确定评价指标体系；②确定指标权重；③建立综合评价模型；④综合评价结果分析。

首先针对数据量纲差异对数据进行清洗，并进行数据标准化处理；其次开展两维（TOPSIS 评价法和主成分因子分析法）数据评价分析；最终按各指标实际情况，向相关部门提供建议，具体如图 4-24 所示。

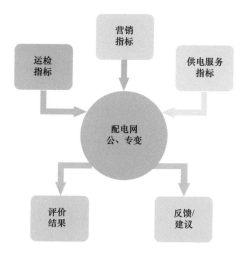

图 4-24　配电网台区综合评价机制组成示意图

4.6.1.1　评价方法说明

（1）TOPSIS 评价法。TOPSIS 评价法是根据有限个评价对象与理想化目标的接近程度进行排序的方法，在现有的对象中进行相对优劣的评价。TOPSIS 评价法是一种逼近于理想解的排序法，该方法只要求各效用函数具有单调递增（或递减）性。TOPSIS 法是多目标决策分析中一种常用的有效方法，又称为优劣解距离法。

（2）主成分因子分析法。主成分因子分析法是通过考察多个变量间相关性的一种多元统计方法，研究如何通过少数几个主成分来揭示多个变量间的内部结构，即从原始变量中导出少数几个主成分，使它们尽可能多地保留原始变量的信息，且彼此间互不相关。通常数学上的处理就是将原来 P 个指标作线性组合，作为新的综合指标，并用这些指标的根据其提取载荷平方和占比进行评价分析。

4.6.1.2　两种方法结果比较

根据现有数据情况，选取两种方式，并根据其特点制定表格，结果如表 4-9 所示。

表 4-9   评 价 方 法 对 比 分 析

序号	评价方法	KMO	累计方差	是否选择
1	TOPSIS 评价法	0.432	0	不选择
2	主成分因子分析法	0.662	68.482	选择

4.6.2 确定评价指标

在评价问题中，有些领域的评价指标体系还不完善，或者随着社会经济的发展会有所改变，研究人员在做研究时往往会带自身的经验去选取指标，在对指标赋予指标值时，采用得比较多的方法为专家打分法，导致主观性比较大。该方法与人们的认识水平不会相差太大，不足就是客观性差。粗糙集理论是一种数据分析工具，对于数据的处理无须提供所研究问题数据集合之外的任何先验信息。基于粗糙集的多指标综合评价分析方法是基于数据驱动的，根据粗糙集理论里属性约简的原理将冗余的指标进行剔除，并且根据数据本身的规律计算每个指标的权重，最后对评价问题进行综合评价。

基于粗糙集区分矩阵的方法简单直观、容易理解而、使用广泛。信息系统的决策表 $S = \{U, C, D, V, f\}$ 对应的区分矩阵 M 是一个 $m \times m$ 的矩阵，其中 m 是评价对象个数。基本单元 M_{ij} 定义为

$$M_{ij} = \begin{cases} \alpha \in C \mid f(x_i, \alpha) \neq f(x_j, \alpha), f(x_i, D) \neq f(x_j, D) \\ \phi \mid f(x_i, D) = f(x_j, D) \\ -1 \mid f(x_i, \alpha) = f(x_j, \alpha), f(x_i, D) \neq f(x_j, D) \end{cases}$$

式中：$f(x, D)$ 为评价对象 x 的决策属性；$f(x, a)$ 为评价对象 x 的条件属性。只有两个对象的所有条件属性都一致，才认为它们的条件属性相等。由区分矩阵构建的区分函数为 $f(C) = \wedge(\vee M_{ij})$，区分函数的表达式反映了保持数据等价划分能力不变的前提下，条件属性的最小子集的元素组成，即核属性。

为了更全面地反映台区状态，评价者往往会选择较多的指标，因为指标个数太少难以反映综合状态，但指标的增多不一定增加信息量。比如当前研究常用的评价指标：用户电压合格率、线损受供电半径影响，同时和线径等指标有关，说明这几个指标之间存在一定的交叉与重复，从而在无形中夸大了重叠部分的权重。这就是指标冗余性问题，应尽量避免或减少，它不仅会使问题变得复杂，还会导致评价结果失真。

为使体系更具普遍性和科学性、更能代表变台的用户承载能力，选取某地市公用、专用变压器数据为评价数据，并对部分指标进行户均化处理，通过整合、清洗形成 9 个指标评价数据表，具体指标情况如表 4-10所示。

子目标	指标名称	指标类型
配电变压器	负载率	区间型
	配电负载率	区间型
低压线路	综合线损率	极小型
	公变采集成功率	极小型
	用户电压合格率	极大型
用户	低电压用户比例	极小型
	高电压用户比例	极小型
	户均供入电量	极小型
	户均供出电量	极小型

　　首先建立台区网络物理模型并收集变压器相关参数、节点电压监测值、用户负荷和电量营销数据等相关数据,由此获取原始指标数据。为了提高离散化的准确性、保证结果分析的可靠性,通常将原始指标数据标准化处理。本文采用基于隶属度的典型点折线法将其化为百分制下的评分值。

4.6.3 基于粗糙集的评价模型

4.6.3.1 指标权重分析

　　在确定各指标权重时,为了尽量避免主观赋权法带来的主观随意性以及克服对专家经验的过度依赖,往往将主、客观赋权法相结合得到评价指标的综合权重。目前,台区综合评价常用的客观赋权法存在不足。主成分分析法中的方差贡献率反映的是原指标体系中的方差信息量,取累积方差贡献率大于 85% 的主成分反映的是 85% 以上的原指标体系的方差信息量,包括了其他非综合评价信息。熵权法的前提是各评价指标间无相关性,否则造成重复评价。鉴于此,本书将粗糙集理论应用于台区综合评价中的指标体系优化和权重确定两方面:①根据粗糙集属性约简原理优化指标体系,删除冗余指标,找出核心指标;②根据粗糙集属性重要度原理,确定优化后指标体系中各指标的客观权重,再结合专家赋权法得到综合权重。

　　如果从指标体系中去掉一个指标后,该信息系统的分类变化大,则说明该指标的重要性高、权重大。用属性重要度来衡量各个指标所反映的信息量大小,指标 c 在指标体系 C 中的重要性表示为 $Sig_{c-\{c\}}(c)$,其定义可表达为

$$Sig_{c-\{c\}}(c) = I(C) - I(C - \{c\})$$

　　上述定义表明,指标 c_i 在指标体系 C 中的重要性由 C 中去掉 c_i 之后引起的信息量变化大小来度量。由此可得到指标 $c_i \in C$ 的权重 w_i:

$$w_i = \frac{Sig_{c-\{c\}}(c_i)}{\sum_{j=1}^{n} Sig_{c-\{c\}}(c_j)} = \frac{I(C) - I(C - \{c_i\})}{nI(C) - \sum_{j=1}^{n} I(C - \{c_j\})}$$

式中：n 为指标体系中的指标个数。

4.6.3.2 **评价模型**

在运用粗糙集优化指标体系之前，按照以下规则界定属性值语义，将连续型指标评分离散化，即

$$G' = \begin{cases} 0, 0 \leqslant G < 50 \\ 1, 50 \leqslant G < 75 \\ 2, 75 \leqslant G \leqslant 100 \end{cases}$$

式中：G 为指标评分；G' 为指标评分离散化结果。

线性加权综合法也称加法合成法，是指应用线性模型 $y = \sum_{j=1}^{m} w_j x_j$ 来进行综合评价。式中，y 为系统或被评价对象的综合评价值，w_j 是与评价指标 x_j 相对应的权重系数 $[0 \leqslant w_j \leqslant 1 \ (j=1, 2, 3, 4, \cdots, m), \sum_{j=1}^{m} w_j = 1]$。

利用主成分因子分析法，对配电台区进行综合评价，首先对台区各类指标进行标准化处理，使其处于同一量纲之内，满足各类指标共同评价的前提条件，针对数据理想值需求不一（部分指标值为正向指标，即数值越大越好，而另一部分指标与之相反，称为逆向指标），我们利用倒数、对数等综合方式对逆向指标进行正向转化，实现指标向性一致；其次对变台进行主成分因子分析（过程中发现，标准化后的主成分因子分析法存在实际运行情况与指标指向不同的情况，进一步验证标准化后的主成分因子分析法不适合本次建模）。

4.6.4 结果分析

本章评价分析以 10 个指标为基础，抽取该地市公司所辖公用、专用变压器（去除部分数据无法进行抽取的变台）相关数据为评价数据，对该地市公司配电网台区进行综合评价。

为使体系更具普遍性和科学性、更能代表变台的用户承载能力，对部分指标进行户均化处理，并且整合、清洗形成指标混合评价数据分析报表。

根据数据离散化，确定各台区决策属性 D，即初步评价的台区综合状态等级，得到 10 个台区综合评价信息系统，如表 4-11 所示。

表 4-11   10 个台区综合评价信息系统

台区	X_1	X_2	X_3	X_4	X_5	X_6	X_7	X_8	X_9	D
S1	0	2	2	2	2	2	0	2	2	中
S2	2	1	1	0	1	0	1	1	2	差
S3	2	1	1	0	1	2	1	1	2	中
S4	1	2	1	1	0	1	1	1	2	中
S5	0	1	1	1	1	0	1	0	0	差

台区	X_1	X_2	X_3	X_4	X_5	X_6	X_7	X_8	X_9	D
S6	1	0	0	1	2	2	1	2	1	中
S7	2	2	2	2	2	2	0	2	2	好
S8	1	2	1	2	0	1	1	1	2	中
S9	1	2	1	0	0	1	1	1	2	差
S10	1	0	0	1	2	2	1	0	1	差

根据上述分析得到区分矩阵，由于区分矩阵 M 中所有单个属性的集合为决策表的核属性，可得到区分函数为 $f(D) = \wedge (\vee C''_{ij}) = X_1 X_4 X_6 X_8$，如表 4-12 所示。

表 4-12 优化后指标体系的信息系统

台区	X_1	X_4	X_6	X_8	D
S1	0	2	2	2	中
S2	2	0	0	1	差
S3	2	0	2	1	中
S4	1	1	1	1	中
S5	0	1	0	0	差
S6	1	1	2	2	中
S7	2	2	2	2	好
S8	1	2	1	1	中
S9	1	0	1	1	差
S10	1	1	2	0	差

根据表 4-12，基于粗糙集属性重要度，可以求得优化后指标体系中各指标客观权重 ω'，依次为 {0.2，0.4，0.2，0.2}。

粗糙集属性重要度无法反映评价者的先验知识，但是粗糙集具有良好的兼容性，可将其与专家经验知识确定的主观权重相结合，最终获得指标的综合权重。专家组给指标体系 $\{X_1 X_4 X_6 X_8\}$ 中的 各指标权重 ω'' 依次为 {0.2，0.5，0.1，0.2}，指标的综合权重表为 $W = (1-\alpha) \omega' + \alpha w''$。

指标 X_2、X_9 对台区整体状态等级的影响较小，对决策属性的贡献度低；负荷矩是负荷与供电距离的乘积，在一定程度上囊括了供电半径和反映负荷轻重的线路单位长度电压以及与线路长度和负荷大小正相关的综合线损率，从负荷矩的客观权重也能反映出其包含的信息量较大。基于粗糙集属性约简原理，删去初建指标体系中信息量低的指标并约简存在冗余交叉的指标，最终保留 4 个核心指标用以反映台区综合状态。根据粗糙集属性重要度确定指标权重，是根据数据本身规律确定指标权重，无需任何先验知识是根据数据本身规律确定指标权重，因而排除了人的干扰，具有很强的客观性。指标评

分的离散化结果集合为 {0，1，2}，数值与指标评分是正相关的，离散化值越大，代表该指标特性越好。线性加权公式为

$$S = \sum_{i=1}^{4} G_i' W_i$$

式中：S 为量化的台区综合评价结果。

利用指标评分的离散化结果 G_i' 和综合权重 W 加权运算，得到 10 个台区综合评价结果集 {1.6，0.6，0.9，1.0，0.45，1.35，2.0，1.45，0.55，0.95}。于是这 10 个台区的综合状态排序为：$S_7 > S_1 > S_8 > S_6 > S_4 > S_{10} > S_3 > S_2 > S_9 > S_5$。说明在选取的 10 个台区中，$S_7$ 是综合状态最好的台区，台区 S_5 综合状态最差，改造优先级最高。仅参考 4 个核心指标得到的排序结果与专家小组事先评定的各台区等级基本相符，验证了粗糙集理论在台区综合评价中的有效性，可以为供电企业遴选亟待改造的台区提供简单实用的依据，合理确定改造次序。

5

配电网供电服务质量分析

随着电力体制改革的不断推进，人们对供电服务质量的要求不断提升，供电企业坚持"以客户为中心，以服务为导向"，加强内外协同，做好客户用电前、中、后各环节全流程服务，精简业务办理流程，全方位提升供电服务。但配电网发展不平衡不充分的问题依然突出，现有的供电安全可靠性、优质服务能力离社会要求和群众期盼还存在一定的差距。利用现有数据，通过现代化数据挖掘手段，为故障抢修、电费回收、电价执行、业扩报装等与用户紧密相关的业务提供辅助决策支撑，实现客户需求快速响应、服务质量可靠优质，在提升管理水平的同时，促进公司各项业务高质、高效运转。

5.1 配电网故障抢修精益化分析

在配电网运行过程中受到各种因素的影响，引发设备故障性问题，给人们生产生活和社会经济发展带来消极影响。故障抢修涉及多个业务部门，设备水平、抢修队伍、天气条件、交通状况、周边环境等客观因素均会影响抢修效率。部分偏远地区配电网抢修人员配置率较低，传统的管理方式对生产一线抢修工作的管控力度不足，所以亟需构建更加高效的抢修协调机制，降低人员工作量，提高抢修工作效率，全面提升配电网精益化管理水平。

5.1.1 分析与实现思路

5.1.1.1 问题分析

2019 年 7~10 月，某地区累计受理故障抢修业务 30727 件。其中，客户内部故障 14579 件，占比 47.45%；低压故障 11710 件，占比 38.11%；计量故障 2759 件，占比 8.98%；非电力故障 951 件，占比 3.10%；高压故障 601 件，占比 1.96%；电能质量故障 127 件，占比 0.41%。低压设备和装置故障是造成故障抢修数量居高不下的主要因素，而且七八月份是当地高温、雷雨天气频发时段，故障抢修数量受过负荷、客户内部原因、设备缺陷、外力破坏、自然灾害、计划停限电等因素影响较大。

导致配电网故障的原因主要分为两类：①外部环境因素，如温度、降雨等；②设备自身因素，如设备类型、工况状态、运行年限和维护保养等。外部环境因素相对容易量化，但设备自身因素类型多样、来源广泛、性能参数不一和数据积累匮乏等，很难对其进行细化和量化。

5.1.1.2　监测分析思路

利用 PMS 系统、95598 业务支持系统的故障抢修数据，以提升配电网故障抢修效率、提高供电服务水平为宗旨，应用大数据分析和业务协同管理、常态化抢修管理和非常态化应急处置相结合的配电网抢修管理理念，构建配电网故障抢修效率细分和故障数量预测模型，实现对配电网故障抢修效率的分析和故障数预测。

通过深入分析配电网故障抢修各主要流程环节，基于 K-Means 聚类分析方法对故障抢修时长进行聚类分析，挖掘报修潜在驱动因素，找出薄弱环节，对故障抢修过程进行精益化管理。依据历史天气与故障报修的数量关系，整合气象数据，对高温、降雨、大风等天气情况进行等级量化，采用指数平滑模型、自回归综合滑动平均模型（Auto Regressive Integrated Moving Average Model，ARIMA 模型）、神经网络模型和加权组合模型构建配电网故障数量预测模型，实现故障数量的精准预测，提醒抢修部门提前做好抢修工作人员、工器具安排，进一步提升故障抢修效率。配电网故障抢修精益化分析技术框架如图 5-1 所示。

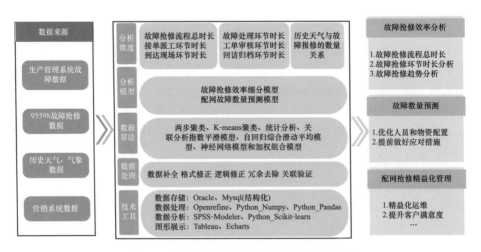

图 5-1　配电网故障抢修精益化分析技术框架

5.1.2　配电网故障抢修效率细分模型

传统的配电网抢修对各抢修流程环节时长管控不够精细，影响整体抢修效率，以提升供电服务质量为目标，创新利用基于 K-Means 聚类分析方法构建配电网故障效率细分模型，对配电网运行中产生的海量数据进行聚类分析，细化供电区域抢修效率，为各供电区域人员调配提供参考。

5.1.2.1　数据预处理

高质量的数据是数据挖掘的重要保障，为提升数据挖掘的精准度，在数据挖掘前对数据进行预处理，得到标准的、合理的、连续的数据。首先从 PMS、营销业务系统、用电信息采集系统获取配电网正常运行和故障抢修的相关数据，并从气象网站获取对应的天气情况数据。然后将系统导出的故障抢修信息表和天气信息表进行整合，剔除时间异常的样本数据。

5.1.2.2　模型构建

依据配电网故障抢修业务流程，配电网故障抢修主要涉及业务受理、接单派工、到达现场、故障排除、恢复送电、工单审核、回访归档等环节。最终恢复送电时长为接单派工用时、到达现场用时和故障排除时长之和。配电网抢修管理流程如图 5-2 所示。

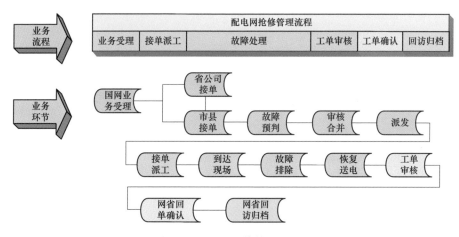

图 5-2　配电网抢修管理流程图

由于聚类分析的数据类型为数值，只有配电网故障抢修各环节时长指标和最高气温、最低气温指标可用，但最高气温和最低气温本身就具有中高低三个等级，对聚类效果有一定的影响，所以对这两个指标暂不作考虑。选取接单派工用时、到达现场用时和故障排除用时作为输入量，分别用两步聚类、K-Means 聚类方法构建故障细分模型，对相关数据进行聚类分析，最后通过对三类模型聚类效果进行对比分析，K-Means 聚类模型效果最佳。

5.1.2.3　抢修环节用时分布特征

接单派工用时在三类中的分布特征大致相同，说明接单派工用时对本次聚类的影响不大，即接单派工用时贡献很小，与实际情况中派工用时的波动较为平稳的事实相符。接单派工用时分布特征如图 5-3 所示。

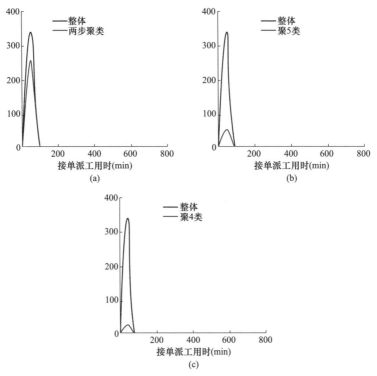

图 5-3　分类数量不同时接单派工用时分布特征

(a) 2 类；(b) 5 类；(c) 4 类

到达现场用时在三类中的分布特征大致相同，几乎全部集中在 0~100min 时段上，在本次聚类中没有区分开，体现了对本次聚类的变量重要性很小。到达现场用时分布特征如图 5-4 所示。

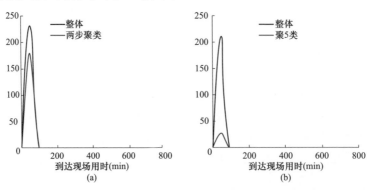

图 5-4　分类数量不同时到达现场用时分布特征（一）

(a) 2 类；(b) 5 类

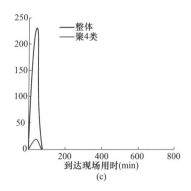

图 5-4 分类数量不同时到达现场用时分布特征（二）

(c) 4 类

故障排除时长：若聚类为 2，则保持在 0～300min 之间；若聚类为 5，则保持在 100～700min 之间；若聚类为 4，则保持在 600～1500min 之间。这三类恰好把故障排除时长分为短中长三个时段，说明本次聚类故障排除时长的变量贡献最大。故障排除时长分布特征如图 5-5 所示。

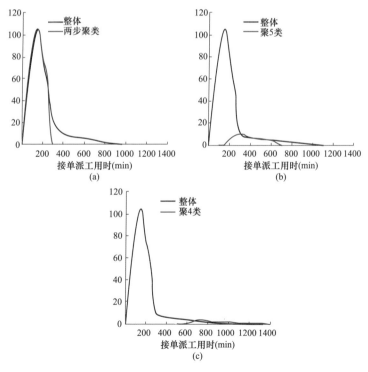

图 5-5 分类数量不同时故障排除时长分布特征

（a）2 类；（b）5 类；（c）4 类

通过分析故障抢修总时长、故障派发、接单派工、到达现场、故障排除、工单审核、回单确认等环节，实际平均完成时间均低于规定时限，故障排除是影响故障抢修服务效率的主要环节。配电网抢修各环节时长管控要求如图 5-6 所示。

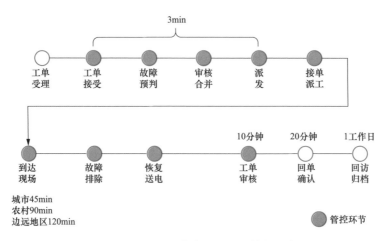

图 5-6　配电网抢修各环节时长管控要求

5.1.3　配电网故障数量预测模型

5.1.3.1　数据准备

（1）故障数据。首先从 PMS、95598 业务支持系统抽取某段时间故障抢修的相关数据，以天为时间窗口对数据进行整合和归一化处理。为了避免神经元饱和，在输入层将每天受理的故障数量 x 换算为 $[-1，1]$ 区间内的值 y，换算公式为

$$y = \frac{x - \frac{1}{2}(X_{max} + X_{min})}{\frac{1}{2}(X_{max} - X_{min})}$$

式中：X_{max} 和 X_{min} 分别代表日受理故障报修工单的最大值和最小值。

（2）温度量化。从气象网站获取当地对应的历史气象数据。包括各乡镇、城市、区县的实时天气数据和预报气象数据，并对温度、降雨等气象数据进行量化处理，以满足预测模型的输入要求。

在一定范围内变化时，温度对故障报修数量的影响相似，因此可以对其进行分段处理。当温度在某一个适宜范围时，对故障报修数量的影响较小，而当温度升高或降低到一定程度时，对故障报修数量的影响较大。温度分段和量化结果如表 5-1 所示。

（3）降雨量化。天气预报中，降雨一般分为无雨、小雨、中雨、大雨、暴雨和大暴雨六种情况，它们对应的量化值如表 5-2 所示。

表 5-1 温度及其对应的量化值

温度（℃）	(−∞, 0]	(0, 5]	(5, 10]	(10, 15]	(15, 20]	(20, 25]	(25, 30]	(30, 35]	(35, +∞)
量化值	−1	−0.8	−0.6	−0.4	0	0.4	0.6	0.8	1

表 5-2 降雨量及其对应的量化值

降雨量（mm）	(−∞, 0]	(0, 10]	(10, 25]	(25, 50]	(50, 100]	(100, +∞)
量化值	0	0.2	0.4	0.6	0.8	1
类型	无雨	小雨	中雨	大雨	暴雨	大暴雨

（4）天气量化。依据历史天气与故障报修的数量关系，将无风、微风、强风、大风等气象数据进行量化，如表 5-3 所示。

表 5-3 风力及其对应的量化值

风级	(−∞, 0]	(0, 3]	(3, 5]	(5, 7]	(7, 10]	(10, +∞)
量化值	0	0.2	0.4	0.6	0.8	1
类型	无风	微风	清风	强风	大风	暴风

（5）输入维度的确定。由于气象数据的维度较多，因此利用计算最大相关系数的方法来确定对故障数量影响最大的维度。相关系数的取数范围为 $0 \leqslant \rho \leqslant 1$，$n$ 维随机变量（X_1，X_2，…，X_n）的相关系数矩阵为

$$\begin{pmatrix} \rho X_1 X_1 \cdots \rho X_1 X_n \\ \rho X_n X_1 \cdots \rho X_n X_n \end{pmatrix}$$

计算气象数据中的最高温度、最低温度、白天天气、晚上天气、风速和风向等信息与日受理工单量之间的相关系数矩阵，然后依据相关系数大小选择天气输入维度。

5.1.3.2 模型构建

（1）神经网络模型。依据最大相关系数确定输入的气象维度，再通过对比 3 种输入层结构来确定最佳输入层节点数，采用典型局部回归网络 Elman 方法建模。Elman 神经网络包括输入层、隐含层（中间层）、承接层和输出层，它具有对历史状态数据敏感、动态建模以及以任意精度逼近任何非线性映射的特点。三种输入层结构下的预测误差如表 5-4 所示。

表 5-4 三种输入层结构下的预测误差

序号	输入层结构	预测误差
1	前 1 日故障报修数据＋预测日天气数据＋前 1 日天气数据＋前 2 日降雨＋前 3 日降雨	36%
2	预测日天气数据＋前 1 日故障报修数据＋前 1 日天气数据＋前 2 日降雨＋前 3 日降雨	50%

序号	输入层结构	预测误差
3	预测日天气数据＋前1日故障报修数据＋前1日天气数据＋前2日相关系数最大维度数据＋前3天相关系数最大维度数据	26％

（2）时间序列模型。自回归综合滑动平均模型 ARIMA（n，d，m）是典型预测模型，能满足非平稳性时间序列预测的要求，其中 n、m 和 d 分别为自回归、滑动平均和差分运算的阶次。将时间序列经 d 次差分计算转换为平稳序列，[0，12] 范围内所有整数均可作为自回归模型系数、移动平均模型回归系数。对每一种组合进行拟合，计算出对应的信任度系数，选取系数最小的模型作为适用模型。

（3）平滑指数模型。平滑模型的预测值是本期实际观察值与前一期指数平滑值的加权平均，即

$$S_t = \alpha y_t + (1-\alpha)S_t - 1$$

式中：S_t 是时间 t 的平滑值；y_t 是时间 t 的实际值；S_{t-1} 是时间 $t-1$ 的指数平滑值；α 是平滑常数，取值范围为 [0，1]。

（4）加权组合模型。采用最大信息熵原理对每个预测模型的结果进行加权。通过综合加权可以提高预测精度，增强模型的预测性，从而获得合理、客观的预测结果。

5.1.4 应用案例及成效

利用配电网故障数量预测模型，对2020年6月1～6日的配电网故障数量进行预测，平滑指数模型、ARIMA模型、神经网络模型和加权组合模型的预测值与实际值如图5-7所示。

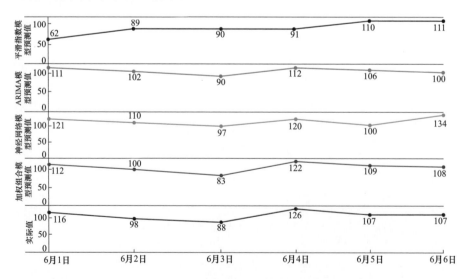

图 5-7 不同模型的预测值与实际值

基于最大信息熵原理对平滑指数模型、ARIMA 模型、神经网络模型的结果进行加权，权重如表 5-5 所示。

表 5-5 　　　　　　　　　基于最大信息熵原理的模型权重

日期	平滑指数模型	ARIMA 模型	神经网络模型
6 月 1 日	0.4215	0.4683	0.2862
6 月 2 日	0.3495	0.3633	0.2928
6 月 3 日	0.3435	0.3771	0.1875
6 月 4 日	0.4956	0.4785	0.1953
6 月 5 日	0.3867	0.4506	0.1911
6 月 6 日	0.4755	0.4764	0.0573

然后分析平滑指数模型、ARIMA 模型、神经网络模型和加权组合模型的相对预测误差，不同模型的相对预测误差如图 5-8 所示。

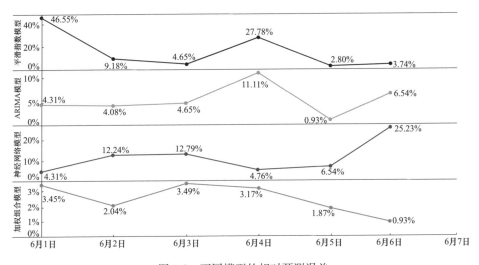

图 5-8　不同模型的相对预测误差

从预测结果可以看出，加权组合模型可以提高预测精度，获得合理的预测期望值，具有较强的预测性。

根据配电网故障数量预测模型，按区域预测配电网每天发生的故障数量，推送至各配电网抢修班，提前做好应对措施，优化人员和物资配置，全面推动配电网抢修管理模式由传统的经验判断向数据驱动转变、由被动抢修向主动服务转变，实现了抢修效率和客户服务满意度的有效提升，同时促进公司自身经济效益的增加。

5.2 电费回收风险预测

电费回收是供电企业实现收益的最后环节，也是电力企业生产经营成果的最终体现。电费回收历来是供电企业的工作重点，它关系到供电企业的经营成果和经济效益，关系到供电企业的生存与发展，电费回收率也是供电企业工作考核的一项重要指标。在实际工作中，非居民用户先用电后付费的业务模式使电费回收成为电力营销的最后一环，电力用户无法按照供用电合同中约定的电费期限按时缴纳电费，就形成了欠费，经反复催收无果就形成了电费风险。如何在为用户提供优质电能服务的情况下，规划好电费回收机制、预测电费回收风险、减少因拖欠电费带来的不利影响，是电力企业面临的主要问题。随着市场经济的发展，用电需求增大，为降低经营风险，供电企业采取各项措施加强电费回收工作，一是拓宽缴费渠道，如社会化服务点、自动缴费终端、支付宝、微信、网上国网 APP 等，提供不受时间、空间约束限制的缴费通道，为电费回收提供便利；二是加强与金融机构、非金融机构的合作，大力推广代扣业务，加快电费资金的回收效率，很大程度上改善了电费回收情况，但电费风险预测识别较为依赖业务人员主观感知，缺乏以数据为基础的客观、标准化手段，严重影响电费回收率的进一步提升。

5.2.1 电费回收风险原因分析

电费回收工作受到诸多因素的影响，国家宏观经济调控、市场环境变化、电价调整等都会增加电费回收工作的难度，电费回收风险形成原因包括外部环境和内部管理两个方面。

（1）从外部环境来看，风险有：①随着国家经济调控，市场竞争压力大，用户亏损和经济紧张情况普遍存在，尤其这两年疫情原因，造成短期的经济冲击，春节假期延长、人员流动受限、消费需求下滑，对企业经营造成明显影响，电费回收困难；②政府机关部门、公共事业单位等主要资金来源于财政拨款，存在因拨款审批延迟影响电费及时回收情况；③先用电后交费的模式，这种模式造成在用户确实无力缴费时，欠款已经产生；④一些大型企业或机关事业单位发生欠费，为保护区域经济、维护社会稳定，供电企业无法依规对其采取停电催费措施；⑤部分用户法制观念不强，缴费法律意识不强，个别用户恶意拖欠电费，将拖欠电费作为降低生产成本或费用的手段，故意逃避电费债务。

（2）从内部管理来看，风险有：①《供电营业规则》规定了欠费停电的严格程序，但执行较为滞后；②供用电合同管理不规范，需重签而未签、合同用电人与实际用电人不一致等；③业务人员操作管理不规范，例如：业扩报装体外循环、未按抄表例日抄表、用户电费核算和退补差错等因素影响电费回收准确性与及时性；④通知、催告等法定义务履行不到位，用户无法接收电费信息或未及时了解用电情况，带来电费回收风险；⑤缺乏社会信用评价体系，由于市场竞争风险逐步加大，每年都有用电企业关停、倒闭或破产，容易带来呆坏账风险，而供电企业缺乏企业资信调查和评估预警机制，不能实时掌控用户生产、资金流转消息，缺乏事前风险防范意识和手段。

5.2.2 电费回收风险预警模型

5.2.2.1 基本分析方法

针对非居民用户，从用户用电行为和信用评价两个方面构建用户电费回收风险评价模型，预测用户未来电费回收风险，并将风险分为五个等级，通过训练得到随机森林模型，对客户风险等级进行精准评价，建立风险用户清单，支撑供电企业合理安排电费回收计划，优化催费人员配置，降低经营风险。

（1）构建评价指标。指标的选取是欠费风险等级评估模型构建的基础，其目的是客观评价用电客户的电费回收风险。因此，在指标选取时，既要充分考虑研究对象的特点，使各项指标建立有据可循，又要保证选取的指标操作具有实用性和落地性。在全面考虑用户特点、实际情况、指标数据的可获取性，并根据实际调研和系统数据分析，借鉴其他行业风险等级评价维度的设计，最终确定了两个指标维度，即用电行为和信用风险，包括 11 个具体指标，具体见表 5-6。

表 5-6 评 价 指 标

指标维度	序号	指标名称	计算公式
用电行为	1	缴费方式	将现金缴费、自助缴费、银行划扣等方式分为 6 等级打分
	2	平均欠费金额	Σ过去某个电费期欠费金额/电费期个数
	3	平均欠费金额占比	月平均欠费金额/最近几个电费期平均电费
	4	累计欠费次数	最近一年内抄表周期（月）欠费次数总和
	5	月平均电费	Σ过去某个电费期电费/电费期个数
	6	应收违约金	Σ过去某个电费期应收违约金
	7	平均用电量	Σ过去某个电费期用电量/电费期个数
	8	用电同比增长率	本期电量−上年同期电量/上年同期电量
信用风险	9	违约用电金额	Σ过去某个电费期违约使用电费
	10	窃电次数	Σ过去某个电费期窃电次数
	11	窃电追补金额	Σ过去某个电费期违窃追补电费

（2）分析算法。随机森林指的是利用多棵树对样本进行训练并预测的算法，是机器学习中的一种常用方法，它通过自助法重采样技术，从原始训练样本集 N 中有放回地重复随机抽取 n 个样本生成新的训练样本集合训练决策

树，然后按以上步骤生成 m 棵决策树组成随机森林，新数据的分类结果按分类树投票多少形成的分数而定。其实质是对决策树算法的一种改进，将多个决策树合并在一起，每棵树的建立依赖于独立抽取的样本。单棵树的分类能力可能很小，但在随机产生大量的决策树后，一个测试样本可以通过每一棵树的分类结果统计后选择最可能的分类。

随机森林大致过程如图 5-9 所示。

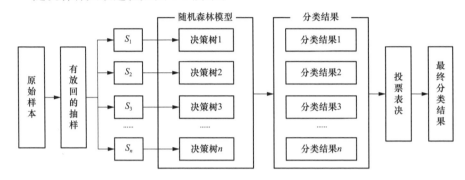

图 5-9 随机森林图

1）从样本集中有放回随机采样选出 n 个样本。

2）从所有特征中随机选择 k 个特征，对选出的样本利用这些特征建立决策树。

3）重复以上两步 m 次，即生成 m 棵决策树，形成随机森林。

4）对于新数据，经过每棵树决策，最后投票确认分到哪一类。

模型建立后需要进行评估，以判断模型的优劣。一般使用训练集建立模型，使用测试集来评估模型。

5.2.2.2 风险等级划分

通常多数评价风险等级分为五级，代表风险等级很高、较高、一般、较低、很低。因此本书也将风险等级分为五级，分别为 A（很高）、B（较高）、C（一般）、D（较低）、E（很低）。

5.2.2.3 构建模型

（1）确定指标权重。使用主成分分析法确定指标权重。主成分分析是设法将原来众多具有一定相关性（比如 P 个指标），重新组合成一组新的互相无关的综合指标来代替原来的指标。

主成分分析，是考察多个变量间相关性一种多元统计方法，研究如何通过少数几个主成分来揭示多个变量间的内部结构，即从原始变量中导出少数几个主成分，使它们尽可能多地保留原始变量的信息，且彼此间互不相关。通常数学上的处理就是将原来 P 个指标作线性组合，作为新的综合指标。

最经典的做法就是用 F_1（选取的第一个线性组合，即第一个综合指标）

的方差来表达，即 $Var（F_1）$ 越大，表示 F_1 包含的信息越多。因此在所有的线性组合中选取的 F_1 应该是方差最大的，故称 F_1 为第一主成分。如果第一主成分不足以代表原来 P 个指标的信息，再考虑选取 F_2 即选第二个线性组合，为了有效地反映原来信息，F_1 已有的信息就不需要再出现在 F_2 中，用数学语言表达就是要求 $Cov（F_1，F_2）＝0$，则称 F_2 为第二主成分，依此类推可以构造出第三、第四，⋯，第 P 个主成分，即

$$F_p = a_{1i}Z_{x1} + a_{2i}Z_{x2} + \cdots + a_{pi} + Z_{xp}$$

式中：a_{1i}，a_{2i}，⋯，a_{pi}（$i=1$，⋯，m）为 X 的协方差阵 Σ 的特征值所对应的特征向量；Z_{x1}，Z_{x2}，⋯，Z_{xp}是原始变量经过标准化处理的值。

指标权重如表 5-7 所示。

表 5-7　　　　　　　　　　　　指 标 权 重 表

序号	指标	权重
1	月平均电费（x_1）	13.85％
2	平均月欠费金额（x_2）	16.26％
3	平均欠费金额占比（x_3）	6.03％
4	应收违约金（x_4）	12.05％
5	平均用电量（x_5）	13.89％
6	累计欠费次数（x_6）	13.01％
7	用电同比增长率（x_7）	2.11％
8	缴费方式（x_8）	4.66％
9	违约用电金额（x_9）	5.76％
10	窃电追补金额（x_{10}）	5.71％
11	窃电次数（x_{11}）	6.67％

利用四分位法，将评分标准划分为 100 分、75 分、50 分、25 分、0 分。按照四分位法分别制定相关指标评分标准，对用户进行评分，公式为

$$C = \sum_{i=1}^{11} C_i U_i$$

式中：C 为 11 个指标的总得分；C_i 为某一指标得分；U_i 为该指标所占权重。对每一客户最终风险等级指数进行归整化处理，根据得分采用绝对分布，分为五级：0～20 分为 E 类客户，20～40 分为 D 类客户，40～60 分为 C 类客户，60～80 分为 B 类客户，80～100 分为 A 类客户。以上结果作为随机森林训练的目标值。

（2）选取样本数据。从某地市营销业务应用系统中提取构建模型所需的样本数据集合，基于 2019 年 1～12 月数据作为样本数据（其中 80％作为训练数据，20％作为测试数据），选择 2020 年 1～2 月数据作为验证数据。

（3）数据预处理。对样本数据进行数据处理，减小数据丢失及数据不一

致对模型的影响，保证后续正常的算法分析。常见的处理方式包括：填充为统一的默认值、填充为特征的统计量（如均值、最小值、中位数等）、删除包含异常值的记录等，本书对于缺失值采用填充的方法；而对异常值，由于包含异常值的记录很少，直接删除包含异常值的记录。并对变量进行特征因素量化，将业务系统中的变量（如缴费方式等）进行数值化表示。

（4）模型训练。将选取的样本数据进行预处理后，其中80%作为训练数据，20%作为测试数据，使用基于Spark的随机森林方法对训练数据集合进行训练，得到电费回收风险模型。

（5）模型测试。使用基于随机森林的时间序列构建预测模型，对测试集合的数据中用户用电行为数据进行预测，得到用户2020年1～2月的用电预测数据，然后根据上一步骤得到的电费回收风险模型，对测试数据的未来预测数据进行模型处理分类，得到用户风险等级。模型结构图如图5-10所示。

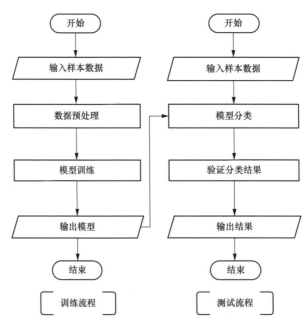

图 5-10 模型结构图

（6）模型验证。根据上一步骤中测试数据模型分类结果，与实际情况进行对比验证，判断模型结果的准确率。当准确率在不可接受的范围时，进行错误样本分析，继而调整风险维度和指标、调整机器学习相关参数等，不断训练直到准确率无法再提升时为止，从而能够运用模型进行新样本的风险评级。

5.2.3 应用案例及成效

5.2.3.1 模型应用分析

选择宁夏电力公司 2020～2021 年非居民用户全量数据进行模型应用分析，首先进行数据预处理，然后根据随机森林模型构建全量用户电费回收风险模型，并预测分析用户是否存在电费回收风险及其风险等级，预测的结果与实际情况对比判断评估结果。根据模型及验证结果，建立用户电费回收风险等级评价，并建立相应等级的风险清单。通过对 2020～2021 年的数据进行模型训练、分析及验证，并与实际情况进行比对，因样本数据量较多，判断准确率是否逐渐趋于稳定，具体情况见表 5-8。

表 5-8   预 测 分 析 表

风险等级	实际个数	准确个数	预测准确率
A	18	15	83.3%
B	56	52	92.9%
C	140	128	91.4%
D	228	194	85.1%
E	356	287	80.6%

由表可知，预测准确率基本与模型训练而达到的稳定准确率一致。因此，运用该方法进行电力客户风险评价，具有较好的适用性和有效性。

5.2.3.2 预警措施

对 A 类客户，可以通过采取综合措施来降低其电费回收风险。一方面，要实时监控其用电情况，密切关注其用电缴费行为及其变化，防范欠费继续恶化为陈欠电费；另一方面，采用动态跟踪管理的方式，通过实施预付电费、多次抄表、必要时限电、将欠费及违约窃电信息纳入征信系统等专项的电费回收措施。

对 B 类客户，要关注其经营运营状况，采用预付电费等方式规避电费风险，引导其用电行为、缴费行为，从而达到控制风险和降低管理成本的目的；对于长期处于该等级客户，应将其列入欠费黑名单进行公示，防止异地重新报装用电。

对 C 类客户，措施和沟通适当执行。一方面，与其签订有法律效力的电费协议，按停电通知书规定的期限对该企业停电；另一方面，电费回收人员需要经常与这类客户联系，传递电费回收压力，明确电费结零刚性要求，敦促对方提前着手电费资金筹措工作，确保电费按时结零。

对 D 类客户，供电企业应多对其引导发展成 E 类用户，主要是通过日常流程管理来控制风险，通过不断地进行流程优化来降低对其的管理成本。电费回收人员需保持与这类客户的正常联系，建立良好的工作关系，无特殊情况，不需收费员催缴。可采取如出现短暂性欠费，应帮助其协调有关人员以促进电费回收；优先提供检修、抢修等服务措施。

对 E 类客户，在电费管理上要以激励导向为主。可采取奖励措施，给予调度优先政策、允许先用电后付费等政策持续提高客户管理价值；E 类客户在风险管控上要以授信为主，通过授信措施，降低管理成本，提高管理效率；还可以通过新闻媒介给予表彰。

5.2.3.3　应用成效

通过对电费回收风险预测模型的分析，有效地预测、辨别电费回收风险用户，建立五个不同风险等级用户清单，可根据清单及风险等级，合理安排用户的电费回收计划，重点配置高风险用户的催费人员配置，降低经营风险。模型应用准确率为 86.7%，可有效支撑电力公司电费回收工作的开展和效率。

在建模过程中，基于业务实践开展了诸如专家调研等多种方式的数据特征收集工作，并依托业务数据通过机器学习方法建模，实现专家经验、业务数据、算法的结合及业务经验的模型固化、沉淀。以标准化模型开展客户电费回收风险评估，使科学化、自动化的系统评估替代传统人工评估，极大地提升了风险判别效率，实现了重点客户群体的电费风险评估的标准化、全覆盖。通过主题研究，运用数据挖掘技术，提炼了公司数据价值，实现了客户消费行为和需求特征等隐性信息的显性"标签化"，为业务人员提供了全新的认知客户手段和工具。

5.3　分时电价执行效果分析

提高用电客户供电服务质量要围绕"一个维护"目标，切实维护好人民群众的切身利益。在完成电费回收工作的同时，也要切实考虑供电服务质量和用电客户的用电成本，在不断加大电网改造力度、配电网规划科学合理、供电能力有效提升、供电安全可靠稳定的同时，可以基于现有电价政策，分析用电客户，尤其是大型生产企业用电客户的实际用电需求和电网的供电负荷能力，为用户提供切实有效的错峰用电建议，在提高用电客户供电服务质量的同时，也为用电客户降低企业生产成本。

5.3.1　基本概念

峰谷电价又称为分时电价，是基于价格的电力需求响应措施之一，能有效反映电力系统的供电成本在不同时段差别。峰谷电价措施的思想是根据电网的负荷特性，将天或年划分为高峰、低谷和平时段，根据不同时段内的用电负荷或用电量，按照不同的价格标准进行计费，实现削峰填谷和平衡季节负荷的目标,缓解电力供需矛盾,提高社会经济效益。作为现阶段需求侧管理的一项有效手段,基于峰谷电价的需求响应的实施能够在一定程度上实现平滑用电负荷曲线和削峰填谷的目标。

实施峰谷电价即根据系统高峰和低谷的时间分布及运行成本特点,调整一天中不同时段的用电价格,在高峰时段调高电价,低谷时段调低电价,并通过设置激励机制,鼓励用户减少高峰时段的用电量,将高峰时段的用电需求转移至非高峰时段,从而促进实现电力供需平衡。电网运营商定期发布峰谷电价,来引导用户安排用能,用户在考虑峰谷电价的基础上,如果认为削减负荷为其带来的收益大于所花费的成本,则可以主动地削减部分用电负荷,以配合电网运营实现调峰的需要,另外还可以将该部分的负荷移至电网负荷谷时使用。峰谷电价的实施,能够充分发挥电力价格的杠杆作用,有效平衡一天中各时段的用电量,进而促进电网的安全稳定运行,降低电力用户的用电成本。2020 年爆发的新冠肺炎疫情给世界经济带来了较大不确定性,尤其对消费品制造、交通运输、住宿餐饮、旅游休闲、地产金融等工业与商业领域造成极大影响,因此合理推行分时用电,降低企业用电成本,也是客户与电力企业的当前一项长期重点工作。

5.3.2 分析与实现思路

为了应对一天中的高峰负荷,电力企业必须按高峰时段的需求来实时调整生产规模,而其中一部分设备在非高峰时间内是停转闲置的。实施峰谷不同电价,可以有效发挥电价的杠杆作用,抑制高峰时期用电量的快速增长,提高低谷时候的用电量,从而提高电网和整个社会的效益。由于工业生产过程一般情况下不能够被中断,基于价格的需求响应项目常被用于工业用户,作为所在地区的用电大户开展分时用电可对地区电网产生重要影响。如果这些用电大户或高压客户不能有效的开展分时用电,将会对客户的经济效益最大化造成一定损失。

一般情况下,峰谷平三个时段各 8h,根据区域时差或实际情况有所差异,其中,宁夏时段高峰为 08:00~12:00 和 18:30~22:30;低谷为 22:30~06:30;其余时间为平段。高峰时段电价上浮 40%,低谷时段电价下浮 40%,平段电价相当于基础电价不变。根据对部分高压用户峰谷用电状况进行调查,了解到:①用户基本了解峰谷电价政策,少部分会调整生产计划减少峰段电费,但仍有些三班制或连续生产的企业未合理利用峰谷电价的政策;②部分企业峰谷电量存在巨大波动,很多企业无法进行峰谷调节,尤其是受到企业生产习惯限制,或紧急赶合同订单的情况。因此,对于可以进行峰谷调节的企业,可以进行峰谷用电分析,从而为用户合理安排生产计划、调整峰谷电量、减少峰谷电费支出提供支撑。

对一个地区工业用户负荷数据进行统计分析，对用户的负荷曲线进行模糊聚类，得到图 5-11 的结果。

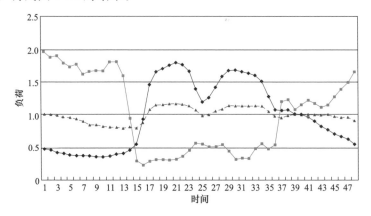

图 5-11　工业用户负荷曲线模糊聚类图

该地区工业用户电力消耗特性主要存在三种模式：①负荷曲线 1 在白天出现两个高峰，并且与系统高峰时间一致，此类用户较多；②负荷曲线 2 的高峰出现在系统的负荷低谷时期，呈现"峰谷倒置"形态，此类用户较少；③负荷曲线 3 较为平滑，没有出现明显的峰谷差。有一部分企业将生产转移到夜间，但是大部分的企业仍然白天生产，可以反映出不同企业对电价的敏感程度不同。具有负荷转移能力的企业主要分为三类：①三班制生产企业，如化工、冶金、纺织等行业，由于是连续生产，企业一般只需要调整生产流程就可以避峰用电，例如水泥行业将磨粉机的运行避开高峰时段，而在其他时段利用储料仓的原料，就可以从峰谷电价中收益，但是这类负荷调节能力有限；②高耗能企业，由于对电价的波动极其敏感，这一类用户具有很大的削峰填谷潜力，在很多已经实施峰谷电价的地区，高耗能企业几乎都是将生产安排在夜间进行从而节省电费支出，由于高耗能用户用电量大，其转移负荷对系统的贡献是非常大的；③管理比较灵活的中小型企业，主要以私人和个体企业为主，生产方式相对比较灵活，在实施峰谷电价后，可将生产安排在夜间进行。根据上面的分析，在分析工业用户的需求响应能力时，需要重点考虑企业的行业特点。

5.3.3　分析方法模型

5.3.3.1　选取样本数据

从营销业务应用系统中选择某区域 2020 年连续三个月的用户档案、用电量、负荷、峰谷平比例情况等特征指标数据作为样本数据。

5.3.3.2　数据预处理

对样本数据进行数据处理，减小数据丢失及数据不一致对模型的影响，保证后续正常的算法分析，主要使用回归法和聚类法。

5.3.3.3 模型训练

为帮助高压用户合理调整峰谷电量，构建了基于大数据分析的峰谷电量优化方法。主要步骤有：①构建分类模型，对高压用户进行分类，以确定用户是否可调节生产计划，这里选用随机森林算法实现用户的分类；②对分类后属于可调节类别的用户进行峰谷用电相关数据分析，判断用户是否存在峰谷用电优化空间。根据分析结果，通过多种方式为用户提供差异化峰谷用电优化建议。

根据用户生产是否可调节重新划分用户类别，将训练客户分为生产可调节用户和生产不可调节用户以及其他用户。对客户用电量、最大需量、用户的供电电压、用电时间、负荷率、功率因数等特征指标进行数据分析，通过归一化、异常值处理等数据清洗过程，得到模型构建所需的训练数据。利用训练数据构建随机森林分类模型，最终通过模型（见图 5-12）对所有的高压用电客户进行重新分类。

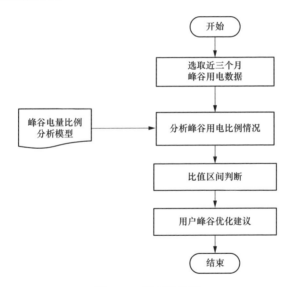

图 5-12 模型结构图

根据营销业务应用系统生产可调节用户近 3 个月的峰谷用电量等信息，对每个用户近 3 个月峰谷用电量比例进行分析，通过峰谷用电比例分布情况，为用户提供合理的峰谷用电优化建议。

峰谷电量分析模型构建主要方法如下：F 为某月某用户的峰时段用电量；G 为某月某用户的谷时段用电量；S 为峰谷调节比值，用以分析峰谷合理情况；K 为生产调节灵活性，以此来衡量企业的负荷转移能力，根据行业特性，三班制企业值取 0.5，能够在夜间生产的企业值取 1，无法在夜间安排生产的企业值取 0。值越大，负荷转移的能力越强。峰谷调节比值可表示为

$$S = K \cdot \frac{F}{G}$$

根据 S 的历史数据分布情况，峰谷比例假定为五个区间：0～1，1～1.5，1.5～2，2～3，3 以上，对生产可调节用户的峰、谷时段用电量比例进行分析（见表 5-9）。

表 5-9   峰 谷 比 例 分 析 表

编号	峰谷比例	电量特征	合理性评价
①	0～1	月度峰电量少于谷电量	较为合理
②	1～1.5	月度峰谷用电量基本平衡	基本合理
③	1.5～2	月度峰电量略多于谷电量	略不合理
④	2～3	月度峰电量较多于谷电量	不合理
⑤	3 以上	月度峰电量远多于谷电量	很不合理

根据用户峰谷电量比例的合理性评价，结合生产调节灵活性 K 值的设置，对用户电力生产合理使用分配时段给出相应合适的建议：用户①可继续保持，维持较优水平的分时用电与电费支出；用户②可继续保持，根据 K 值情况建议适当控制峰时段用电，以达到较优水平的分时用电与电费支出；用户③峰时段用电量较多，由于峰时段电价为谷时段电价的三倍水平，建议当 K 值为（0.5，1）时合理安排生产计划，进行削峰填谷，适当增多谷时段用电量；用户④峰时段电价为谷时段电价的三倍水平，当 K 值为（0.5，1）时建议合理安排生产计划，尽量削峰填谷，减少峰时段用电，增加谷或平时段用电，若能实现峰谷用电平衡，可减少约 15％以上的峰谷两时段电度电费支出；用户⑤峰时段用电量严重过多，建议尽快调整安排生产计划，实现削峰填谷，减少峰时段用电，增加谷或平时段用电。若能实现峰谷用电平衡，可减少约 25％以上的峰谷两时段电度电费支出。

对峰谷用电量比例明显异常的生产可调节用户，可以通过优化建议书、短信异常提醒等方式对用户进行建议服务。同时，也可以在公众号、网站、APP 等电子渠道提供查询接口，让用户可以查询到基本电费、峰谷电量等基本信息与简要分析，从而帮助用户节约生产成本，实现通过电价信号来引导用户采取合理的用电结构和用电方式。

通过选取 2020～2021 年某地市数据进行分时电价执行效果评估，对峰谷比例较高且生产调节灵活性较高的企业进行重点交流建议，部分用户峰谷整体比例由 96％降至 87％，峰段月减少电量 7％，分时电价执行成效明显。

5.4 客户异常用电行为分析

近年来，我国用电需求不断增大，异常用电行为日益猖獗，严重影响了文明社会的建设。针对异常用电方式越来越隐秘化、科技化、专业化，且难以察觉的现状，本节从用电量、电流、电压、电能表四方面分析客户异常用电行为。据统计，我国每年的异常用电案例多达15万起，经济损失高达200亿元人民币，造成了严重的社会影响，也给电力企业的安全运行和发展造成了巨大负面影响。同时随着科技的发展，违章用电手段日益隐蔽和复杂化，这给电力公司防范和查处异常用电行为带来了很大困难。鉴于此，在对异常用电方式进行科学分析的基础上，利用大数据分析方法构建异常用电模型，对异常用电嫌疑用户进行重点排查，从技术和管理上有效治理异常用电行为。

5.4.1 异常用电起因与方式

5.4.1.1 异常用电起因

（1）电费仍然占企业客户生产和经营成本很大的一部分，特别是高耗能企业，因此，一些客户会采取违章用电方式来降低成本，解决资金不足等问题。

（2）用电营销管理上存在一定的漏洞，导致营销各环节、监督没有有效发挥作用。

（3）相关法律法规宣传力度不够，使众多客户认为异常用电不是犯罪，加上对异常用电行为的查处力度不够，都是导致异常用电行为屡禁不止的主要原因。

5.4.1.2 异常用电方式

（1）改动短路计量装置的电流线圈。通常是在电能表内部或外部用导线将电流线圈短接，较常见的做法是用导线或并接电阻插入电能表的相线输入端和输出端，起到分流作用。大部分电流将从并接电阻通过，致使电能表按一定比例慢转，从而达到异常用电目的。

（2）断开电压联片或在电压线圈上串联分压电阻。其原理是起到分压作用，把一部分电压分担到电阻两端，使电压线圈两端电压减小，达到少计电量的目的。

（3）调接火、零线。其原理是事先将电能表进行线端的火、零线调接，根据电能表的内部电路结构，接零线端的输入跟输出是用联片短接的，而电能表因没有反方向的电流回路通过电能表的电流线圈，导致电能表停转，以此达到不计电量的效果。

（5）更换计数器齿轮。即用小容量电能表的计度器更换大容量电能表的计度器，被更换后的电能表计出的电量比实际用电量会成倍减少。

5.4.2 模型构建

通过营销业务应用、营销稽查、用电信息采集等业务系统提取用电客户的电流、电压、电能示值及用电量等用电信息数据，运用大数据分析挖掘技术手段，分析不同类数据变化趋势，分量建立电量异常、电流异常、电压异常及电能表异常4类异常用电模型。再通过层次分析法分析4类业务模型对异常用电的影响系数，从而构建异常用电嫌疑预测模型，最终输出异常用电嫌疑用户，模型构建流程如图 5-13 所示。

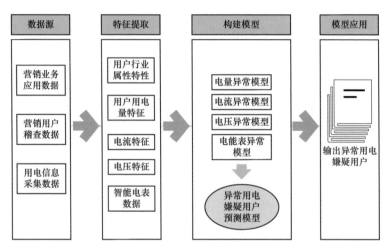

图 5-13　异常用电嫌疑预测模型构建流程

5.4.2.1　电量异常模型

利用 K-Means 算法按照用户行业类别对用电容量、当月用电量进行初步聚类，当存在离群点（偏离正常用电轨迹）时说明该用户村疑似异常用电。如表 5-10 所示，将该用户用电数据聚为 6 类，可看到初始聚类中心的第 6 类均为负值，与前 5 类不相同，即判定为离群值，说明该用户存在异常用电行为。判定用电量异常的相关规则为：

规则一：居民客户连续 6 个月未用电，但有用水、用气数据；

规则二：农业客户连续 2～3 个月大电量运行；

规则三：商业客户连续 3 个月月度电量同比下降 30％以上；

规则四：客户月度电量同比下降值接近台区线损电量增长值；

规则五：台区线损波动率较大（适用所有台区）。

表 5-10　　　　　初　始　聚　类　中　心

项目	聚类					
	1	2	3	4	5	6
Zqcore（用电容量）	27.45262	−0.65928	8.23326	5.46032	5.46032	−1.13738
Zqcore（日用电容量）	1.42595	11.01356	4.64106	36.19595	20.45093	−0.31286

5.4.2.2　电流异常模型

运用机器学习技术、人工神经网络算法、K-Means 聚类算法构建电流异常模型，模型构建流程如图 5-14 所示，针对电流变化趋势判定该用户是否正常用电。判定电流异常的相关规则如下所述。

（1）针对专变电流。

规则一：高供高计用户某一相二次电流绝对值小于 1A，另一相二次电流大于 5A；

规则二：高供高计用户存在二次电流小于－10A；

规则三：高供低计（高计）用户二次电流大于 5A，且连续运行时长大于 2h；

规则四：高供低计用户某一相二次电流小于－20A；

规则五：电能表冻结有反向有功电量且某一相或多相电流为负。

（2）针对低压表计电流。

规则一：三相电能表某一相二次电流绝对值小于 1A，另两相二次电流正常；

规则二：电能表冻结有反向有功电量且某一相或多相电流为负；

规则三：单相电能表零线电流——相线电流大于 0.5A。

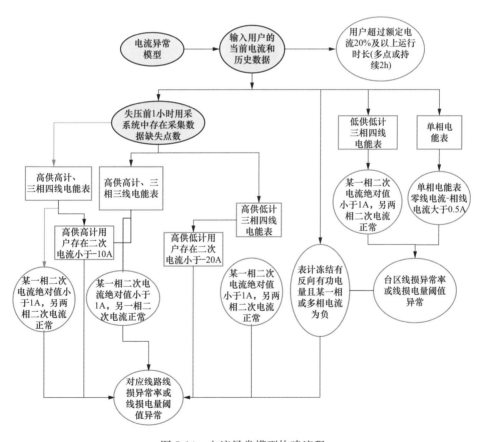

图 5-14　电流异常模型构建流程

5.4.2.3 电压异常模型

运用机器学习算法构建电压异常模型，针对电压变化趋势判定该用户是否正常用电，模型构建流程如图 5-15 所示。判定电压异常的相关规则如下所述。

（1）专用变压器电压。

规则一：高供高计用户某一相或二相电压绝对值小于 80V；

规则二：高供低计用户任意相电压小于 200V，但二次电流不等于零。

（2）低压表计电压。

规则一：低压三相表，任意相电压小于 200V，但该二次电流不等于零；

规则二：低压单相表，相电压小于 200V，但该二次电流不等于零。

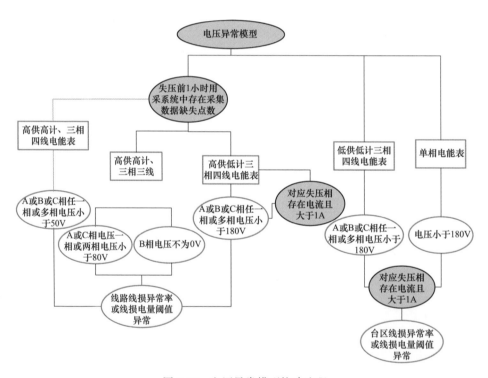

图 5-15　电压异常模型构建流程

5.4.2.4 电能表异常模型

通过对智能电表运行进行监测，当某用户电能表出现电能表示值不平、电能表飞走、电能表倒走、电能表停走、电能表费率设置异常等情况时，均判定为电能表异常，表明该用户存在异常用电行为，电能表异常模型构建流程如图 5-16 所示。

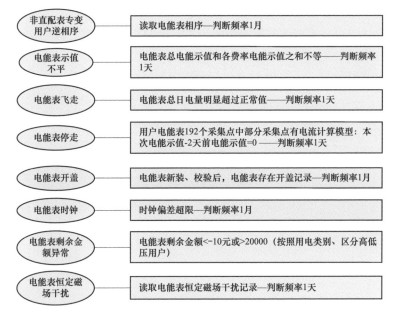

图 5-16　电能表异常模型构建流程

5.4.2.5　构建异常用电嫌疑用户预测模型

嫌疑用户一般情况下会同时出现多种异常用电行为。利用熵权法计算四类异常用电业务模型的权值，结合用电量异常次数、电流异常次数、电压异常次数及电能表异常次数这四类异常用电行为，综合计算用户异常用电行为发生的次数，以此构建异常用电嫌疑用户预测模型，进而计算"异常用电嫌疑预测系数 T"，依据 T 值大小判定用户异常用电嫌疑等级，计算式为

$$T = \sum_{i=1}^{6} \lambda_i T_i$$

式中：λ_i 为不同类别异常用电模型对应的权值；T_i 为一天中不同类别异常用电模型出现的异常用电次数。

模型构建流程如图 5-17 所示。设定 T_{a1}、T_{a2}、T_{a3} 三个异常用电系数判定阈值，且 $T_{a1} < T_{a2} < T_{a3}$，通过 T 与 T_{a1}、T_{a2}、T_{a3} 的比较，确定异常用电嫌疑等级，异常用电嫌疑分为 A、B、C 三级，A～C 嫌疑程度逐级增高。

5.4.3　应用案例及成效

通过异常用电嫌疑预测模型输出异常用电用户 697 户，现场核查 426 户，确定异常用电用户 415 户，模型准确率达 97.42%。

【典型案例 1】异常用电嫌疑预测模型输出嫌疑用户马某，高供低计，专用变压器容量 20kVA，执行深井提灌电价，通过异常用电数模规则"高供低计用户某一相二次电流小于 −20A 及表计一相或多相电压异常，对应相电流大于 1A"输出，在用采系统核查，用户 A、B、C 三相存在多个电压异常点，且无规律，同时异常相电流较大，最大值达 80A，平均电流 50A 左右，比对气象系统，用户在下雨天气仍大电流用电，经分析用户存在违章用电嫌疑。

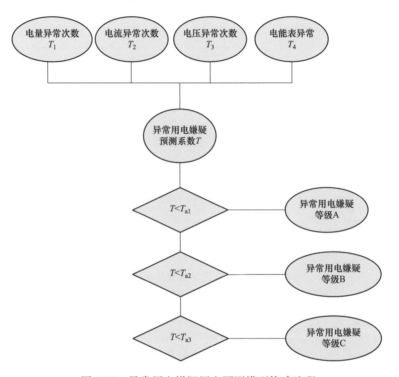

图 5-17　异常用电嫌疑用户预测模型构建流程

经现场核查，确定马某为异常用电用户。当工作人员到现场时，用户表箱未锁，表计未封，用户打开表计 A、C 两相电压连片，致使电能表 A、C 相均失压，如图 5-18 所示。经在用采系统核查，用户从 2017 年开始异常用电。用户变压器铭牌显示为 20kVA，但依据电流分析，应为 50kVA 以上变压器。

图 5-18　现场核查用户"马某"电能表

【典型案例 2】异常用电嫌疑预测模型输出嫌疑用户×××有限公司，高供高计，用电容量 1250kVA，通过比对异常用电数模规则"高供高计用户某一相或二相电压绝对值小于 80V"，且在用电信息采集系统（简称用采系统）核查出从 2019 年 11 月 17 日 10：15 起，该用户 A 相电压只有 10V 左右并持续至今，用户电量从 2019 年 12 月份开始呈大幅下降趋势，该用户在用采系统的异常用电数据如图 5-19 所示，初步判定该用户存在违章用电嫌疑。

☑A相　☐B相　☐C相

0:00	0:15	0:30	0:45	1:00	1:15	1:30	1:45	2:00	2:15	2:30	2:45
10.8	10.7	10.7	10.7	10.8	10.8	10.7	10.7	10.8	10.8	10.8	10.8
3:00	3:15	3:30	3:45	4:00	4:15	4:30	4:45	5:00	5:15	5:30	5:45
10.7	10.7	10.8	10.7	10.7	10.7	10.7	10.7	10.7	10.7	10.7	10.7
6:00	6:15	6:30	6:45	7:00	7:15	7:30	7:45	8:00	8:15	8:30	8:45
10.6	10.7	10.7	10.8	10.7	10.6	10.7	10.6	10.6	10.6	10.6	10.5
9:00	9:15	9:30	9:45	10:00	10:15	10:30	10:45	11:00	11:15	11:30	11:45
10.5	10.6	10.6	10.6	10.5	10.6	10.5	10.5	10.4	10.4	10.4	10.5
12:00	12:15	12:30	12:45	13:00	13:15	13:30	13:45	14:00	14:15	14:30	14:45
10.5	10.5	10.5	10.5	10.6	10.6	10.6	10.5	10.6	10.6	10.6	10.6
15:00	15:15	15:30	15:45	16:00	16:15	16:30	16:45	17:00	17:15	17:30	17:45
10.5	10.5	10.5	10.5	10.5	10.7	10.6	10.6	10.5	10.5	10.5	10.5
18:00	18:15	18:30	18:45	19:00	19:15	19:30	19:45	20:00	20:15	20:30	20:45
10.5	10.6	10.5	10.5	10.5	10.5	10.5	10.5	10.5	10.5	10.5	10.5
21:00	21:15	21:30	21:45	22:00	22:15	22:30	22:45	23:00	23:15	23:30	23:45
10.6	10.6	10.6	10.7	10.6	10.7	10.7	10.8	10.7	10.7	10.7	10.7

图 5-19　×××有限公司在用电信息采集系统中的异常数据

经现场核查，2019 年 11 月 17 日 A 相计量用电压互感器高压保险烧断，造成 A 相入表电压只有 10V，导致计量异常，现场进行了保险更换，送电后 A 相电压恢复正常；经查明，2019 年 7 月该用户已发生过 C 相计量用电压互感器高压保险烧断，该用户保险丝烧断却并未更换保险丝，经现场情况判定该用户存在异常用电嫌疑。

采用聚类算法、熵权法等大数据技术构建异常用电嫌疑用户预测模型，通过输入电量、电流、电压等数据生成异常用电嫌疑用户清单，相关工作人员通过突击现场查看用户计量表箱、接线等现场稽查方式，精准定位异常用电用户，有效打击了异常用电行为，为电力公司研判异常用电行为提供了理论支撑与实践参考，具有一定的社会效益。

5.5　业扩报装全流程分析

业扩报装业务是营销业务链的最前端，对外满足用户用电需求是供电企业服务的本质，对内负荷发展是企业不断壮大的动力，用电负荷高效接入是企业经济效益的直接体现。近年来，营销部门对业扩报装流程进行了多次精简优化，有效缩短了接电时间，提升了服务质量。这就要求电网企业积极推进业扩报装提质提效、改善营商环境,创新服务方式、简化手续流程、加快接电速度,主动顺应客户关注、社会关切,更好地满足人民日益增长的对美好生活的需要,也为企业开展电力大数据分析提出了更高的要求。

5.5.1 分析思路

业扩报装流程包括受理客户申请、现场勘查、业务收费、答复供电方案、受电工程设计审核、中间检查、竣工检验、签订供用电合同、装表接电、资料归档等环节(见图 5-20)。本次分析以客户需求为导向,主要选取业扩报装主流程涉及的 4 个重点阶段,包含 7 个内部环节和 4 个客户主导环节,从功能性、时效性和经济性角度出发,查找业扩报装流程中的低效环节,分析影响业扩流程效率的主要问题,提出有针对性的意见建议,缩短业扩接电时间,提高客户感知及办电速度。

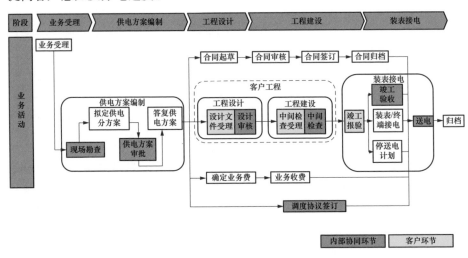

图 5-20 业扩报装流程图

本节通过构建业扩全流程客户满意度分析模型,对可能造成不良影响的业扩报装环节风险进行评估和测算,分析客户不满意的潜在风险,及时给出预警,提示相关业务部门加强重点报装用户管理。

首先根据业扩报装服务流程,整理客户可能存在的风险触点(见表 5-11);然后完成分析指标的量化,通过聚类算法得到不同风险点的评估得分,通过权重算法计算得到各个风险点的权重,计算风险值;再次根据单一风险点的风险值,计算业扩报装工单风险值;最后,通过权重算法计算得到客户对应的工单权重系数,并根据评估时间与工单的间隔时间计算得到业扩工单风险时间系数,客户的业扩工单得分、工单权重系数及评估时间系数进行相乘,得到客户的总风险值,在此基础上,划分客户可能造成的舆情风险等级。

表 5-11　　　　　　　　　　客户触点风险指标

客户触点风险	风险点	量化说明
疑似重复工单风险	疑似重复工单风险	终止工单与完成工单的间隔时长、完成工单的关键环节时长
及时率风险	申请及时率风险	(申请超期时间－申请完成时间) / (申请超期时间－申请开始时间)
	勘查及时率风险	(勘查超期时间－勘查完成时间) / (勘查超期时间－勘查开始时间)
	答复及时率风险	(答复超期时间－答复完成时间) / (答复超期时间－答复开始时间)
	验收及时率风险	(验收超期时间－验收完成时间) / (验收超期时间－验收开始时间)
	签订及时率风险	(签订超期时间－签订完成时间) / (签订超期时间－签订开始时间)
	配表及时率风险	(配表超期时间－配表完成时间) / (配表超期时间－配表开始时间)
	送电及时率风险	(送电超期时间－送电完成时间) / (送电超期时间－送电开始时间)
重复风险	申请重复风险	申请回退（召回）次数
	勘查重复风险	勘查回退（召回）次数
	答复重复风险	答复回退（召回）次数
	验收重复风险	验收回退（召回）次数
	签订重复风险	签订回退（召回）次数
	配表重复风险	配表回退（召回）次数
	送电重复风险	送电回退（召回）次数

5.5.2　分析模型构建与实现

5.5.2.1　模型构建

根据业扩报装工单各环节市场，分析可能造成客户不满意、客户投诉、影响客户用电及时性的风险因素，并对其进行指标量化，建立业扩报装风险分析模型。

（1）疑似重复申请工单风险。业扩时限具有严格的考核要求，为避免工单超时，可能存在终止工单重新申请的情况，从客户角度来看存在投诉等风险。构建疑似重复申请工单风险评估框架，对疑似重复申请工单风险进行评估有助于营造良好的营商环境。疑似重复申请工单风险评估主要考虑某用户在一年内的前序终止工单，通过识别前序有终止工单并且产生了新工单的情形，测算其重复申请工单的概率。在客户拥有多个工单的情况下，客户多个终止工单对当前工单的影响概率之和即为疑似重复申请工单的概率。疑似重复申请工单分析模型如图 5-21 所示。

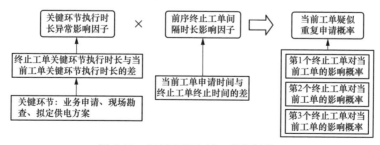

图 5-21　疑似重复申请工单分析模型

疑似重复申请工单评分准则如表 5-12 所示。

表 5-12 疑似重复申请工单评分规则

序号	概率区间	得分
1	0	20
2	(0, 0.2]	(20, 40]
3	(0.2, 0.4]	(40, 60]
4	(0.4, 0.6]	(60, 80]
5	(0.6, 1]	(80, 100]

（2）及时率风险分析。及时率越高，环节完成及时性越高；及时率越小，环节超期情况越严重；其次，及时率无超过 1 的数据；再次，业务受理、现场勘查及时率数据变异程度较大，送停电管理不存在负值，即不存在超期现象；最后，各环节及时率主要集中在 0～1，说明大部分环节未发生超期现象。利用 K-Means 聚类算法对业务受理及时率、现场勘察及时率、答复供电方案及时率、竣工验收及时率、装表及时率、送停电及时率进行聚类分析。根据聚类结果，考虑及时率为负向指标，即指标值越大，则分值越低；再次，对于在途工单，未发生的及时率得分为 0；最后，结合聚类的分段结果及业务理解，制定不同层级的及时率单因子评价得分标准。及时率评分规则如表 5-13 所示。

表 5-13 及 时 率 评 分 规 则

序号	及时率区间	得分
1	(−∞, 0]	[80, 100]
2	(0, 0.3]	[60, 80)
3	(0.3, 0.6]	[40, 60)
4	(0.6, 0.9]	[20, 40)
5	(0.9, 1]	[10, 20)

利用主观赋权法、客观赋权法相结合的方式，得出主客观综合权重，如表 5-14 所示。

表 5-14 及 时 率 指 标 权 重

赋权方法	业务申请及时率	现场勘查及时率	答复供电方案及时率	竣工验收及时率	装表及时率	送停电管理及时率
主观赋权法	0.12	0.2	0.15	0.18	0.15	0.2
客观赋权法（主成分分析模型）	0.12506	0.19058	0.15543	0.18093	0.15351	0.19448
主客观综合赋权法	0.12	0.20	0.15	0.18	0.15	0.20

（3）重复风险分析。由于 6 个环节重复次数指标的数据基本为零，并且 6 个环节指标值为"0"的数据量占比均达到 90％以上。6 个环节指标相对不适合采用客观赋权，无法通过数据进行客观赋权。因此，使用主观赋权确定权重。表 5-15 为环节重复指标权重。

表 5-15　　　　　　　　　　环节重复指标权重

赋权方法	业务受理重复次数	现场勘查重复次数	答复供电方案重复次数	竣工验收重复次数	装表重复次数	送停电管理重复次数
主观赋权法	0.18	0.20	0.14	0.20	0.14	0.14

根据上述三项风险，采用主观赋权法确定工单风险权重，疑似重复申请工单风险权重为 0.35，及时率风险权重为 0.40，环节重复风险为 0.25。

5.5.2.2　分析模型的实现

（1）数据准备。利用营销业务应用系统、95598 业务支持系统的结构化数据构建数据分析宽表，包括获取用户 ID、用户名称、用户地址、用电类别、电压等级、合同容量、工单编号、环节编号、环节名称、环节开始时间、环节结束时间、环节状态、95598 业务类型、受理内容、受理时间等，数据分析宽表如表 5-16 所示。

表 5-16　　　　　　　　　　数据分析宽表

序号	业务字段名	源字段名	源表名	源系统
1	用户编号	用户编号	用户档案信息表	营销业务应用系统
2	用电类别	用电类别	用户档案信息表	营销业务应用系统
3	行业分类	行业分类	用户档案信息表	营销业务应用系统
4	电压等级	电压等级	用户档案信息表	营销业务应用系统
5	客户重要性等级	客户重要性等级	用户档案信息表	营销业务应用系统
6	申请编号	申请编号	用电申请信息表	营销业务应用系统
7	工单申请时间	工单申请时间	用电申请信息表	营销业务应用系统
8	受理渠道	受理渠道	用电申请信息表	营销业务应用系统
9	申请运行容量	申请运行容量	用电申请信息表	营销业务应用系统
10	原有运行容量	原有运行容量	用电申请信息表	营销业务应用系统
11	申请业务类型	申请业务类型	用电申请信息表	营销业务应用系统
12	申请编号	申请编号	业扩环节信息表	营销业务应用系统
13	业务类型名称	业务类型名称	业扩环节信息表	营销业务应用系统
14	环节名称	环节名称	业扩环节信息表	营销业务应用系统
15	环节状态	环节状态	业扩环节信息表	营销业务应用系统
16	环节开始时间	环节开始时间	业扩环节信息表	营销业务应用系统
17	环节完成时间	环节完成时间	业扩环节信息表	营销业务应用系统
18	环节预警时间	环节预警时间	业扩环节信息表	营销业务应用系统

序号	业务字段名	源字段名	源表名	源系统
19	环节超期时间	环节超期时间	业扩环节信息表	营销业务应用系统
20	电话工单编号	工单编号	95598工单信息表	95598业务支持系统
21	电话业务类型	业务类型	95598工单信息表	95598业务支持系统
22	电话业务子类型	业务子类型	95598工单信息表	95598业务支持系统
23	受理时间	受理时间	95598工单信息表	95598业务支持系统
24	受理内容	受理内容	95598工单信息表	95598业务支持系统

（2）数据清洗。数据清洗主要是发现并纠正数据中的错误。

1）数据检查。从业务逻辑和总体情况判断数据的合理取值范围及相互关系。

2）缺失数据清洗。若某字段缺失数据占比很小，将缺失记录整体移除；若某字段缺失数据占比较大，将该字段移除。一般的数据处理流程中，当数据缺失比例超过35%时，数据填补主观意识太多，无法表征数据本身携带含义，对此条数据做删除处理。

3）冗余数据清洗。利用关联字段排查冗余记录；基于业务逻辑对冗余字段进行合并或删减。

4）噪声数据清洗。数据出现超出正常合理范围，且存在突增、突减则认为是脉冲值，先置空再进行补缺。

（3）数据分析。分析某市高压业扩工单风险，发现客户风险值随着客户办理工单数的增加而增加。如图5-22所示，办理的高压业扩工单越多，客户所需经历的环节也越多，客户风险值随着办理工单环节数的增加明显上升。

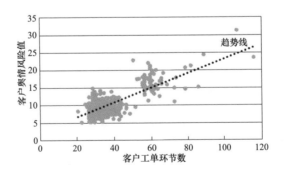

图5-22 不同办电环节数量的客户风险

5.5.3 应用成效

分析发现，客户投诉、服务不满意的概率随工单环节数增加而增加，主要是因为客户工单环节数越多，说明客户办电越多，环节越繁琐，影响客户的办电效率，导致客户不能及时用电，进而产生高舆情风险；同时也可能是由于在办电过程中，一些关键环节未通过审批，导致环节出现重复或者回退的现象，特别是客户办电环节重复对客户的办电体验影响更大，产生客户不满的可能性更大。由于环节重复或者回退导致客户工单环节增多，应该提高业扩服务质量，尽量避免由于工作上的不足而导致环节重复，减少不必要的重复环节，提高工作效率，优化营商环境。通过用户业扩全流程分析，挖掘数据价值，从数据中发现可能造成用户不满意、用户投诉的风险点，用数据说话，优化业扩报装业务服务模式，丰富业扩报装全流程管控内容，对提高客户用电满意度，提升服务水平具有积极作用。

6

配电网运营效率分析

　　运营效率是衡量企业资源配置和投资效益的核心指标，是企业精益化管理水平的直接体现。配电网是承担电能配送的终端电网，配电网的运营效率就是其配送电能（电量）的效率。随着智能电网技术的发展，配电网越来越呈现可视化，其数据已经能够充分获取，这为基于大数据思想的配电网运营效率分析提供了可能。

　　本章通过评价系统化的电网运营分析评价模型，实现配电网运营效率评价、供电能力评价、降损动态评价和运营评价分析模型优化。从定性到定量在线计算与分析，结合实际业务主题评价点，从行政单位、供电分区、供电设备效率的变化趋势和协调度等角度出发，根据电网绩效指标与底层明细数据的关联关系，快速定位存在问题的区域、设备层级，掌握电网运行的薄弱环节和风险点，进而提出更有针对性地解决措施及建议，提升电网设备乃至电网系统的运行效率。

6.1　配电网运营效率评价

6.1.1　运营效率评价基本思路

　　配电网由多种配电设备所构成，配电网配送电能的效率就会直接反映在对其主设备（线路和变压器）的利用率上。配电网设备在某一时间断面下利用率的高低，一般可以用实时负载率来表征。某设备在某一时间断面的负载率高，则表明该设备在该断面下的利用率高，反之则利用率低。此外，还可通过平均负载率来衡量平均利用率情况。但是，一般意义上的负载率和利用率并不等同于运行效率。

　　为保障供电可靠性，配电网往往需要满足"N−1"安全准则，即不仅要采用有备用的接线形式，还要保障故障时刻的负荷转供。此时，设备满足基本安全准则及其他安全约束时（如考虑运行环境、检修维护要求等条件）的最大可输送负荷可称为设备的安全运行限值，该值即为设备的实际负载能力上限。当低于该值运行时，没有充分利用设备在安全运行限值下的可用容量；

当高于该值运行时,设备具有潜在的安全风险,运行调度方面可能违背了基本的安全运行规定。只有当设备运行在该值时,既满足了安全运行规定,同时也充分利用了设备在安全运行限值下的可用容量,此时具有最高的电能配送效率,其作用将得到最大化的发挥,此时的设备运行效率才可称为"最优"。能否对这一负载能力进行充分利用,是衡量电网运行效率高低的关键。但在某一时间断面下的运行效率并不能表征该设备在某一持续时间段内的运行效率,对一个运行中的设备而言,仅考察某时间断面下的效率是不可取的。

当变压器铜损等于铁损时,配电变压器的经济负载率最高,相对损耗最低,但这仅是对变压器而言,实际上配电变压器是与配电线路紧密相连,结成一个整体。而配电线路千差万别,连接配电变压器少则几台、十几台,多则几十台。如果都按一个标准的负载率运行,不同的线路不一定都达到经济运行状态。对于一条配电线路,应同时考虑配电变压器和导线的损耗,从两者的总损耗最小作为最佳运行条件。如果仅考虑变压器的运行条件和损耗,对整个配电线路来说,不可能达到经济运行状态。由于配电网的固有特点,其负荷分散性大,小型变压器台数多,负荷季节性变化大,大多数时间处于轻负荷运行状态,造成了配电变压器平均负载率低的状态。因此在实际使用中,要全年保持较高负载率运行难以达到。

综上所述,仅考虑安全准则或经济运行来评价设备的运行效率都存在缺点,并不能真正有效地反映设备的实际运行效率。在评价配电网运行效率,考虑主设备运行效率和系统运行效率两个层面问题的同时还应分析不同层级电网之间,不同设备之间运行效率的协调性,以及运行效率与配电网规划、建设、物资采购、调度运行等关键业务之间的内在联系,这样才能为配电网规划、优化运营以及精益化管理提供可靠的依据。本节提供一种基于大数据挖掘的配电网运营效率评价方法。通过采集配电网运营效率评价参数,并建立配电网运营效率评价参数数据库;挖掘各评价参数的相关性,按照不同供电区域、功能区类型,分析配电网设备及系统运行效率、协调性及设备均衡度,挖掘效率低的影响因素,形成配电网运营效率评价体系。

配电网运营效率评价建模思路如图 6-1 所示。

6.1.2 分析方法模型

针对电网运营效率缺乏量化评价和深层次分析的现状,构建综合安全性、可靠性、经济性的运营效率和供电能力评价模型。模型分为单体设备、同层设备、配电系统三个层次,以及层级间协调、设备间均衡两个视角。

6.1.2.1 单体设备运营效率

单体设备运营效率指评价周期内实际输送电量相对于额定容量所对应的最大可输送电量的利用程度,即

$$EER\_N = \frac{P_{ave}}{P_{1.0}}$$

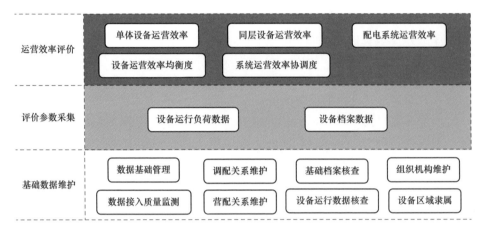

图 6-1 配电网运营效率评价建模思路图

式中：$P_{1.0}$是综合考虑设备额定容量、运行环境、检修维护要求等条件下的最大可输送负荷（不涉及 $N-1$ 安全准则）；P_{ave}为设备平均负荷。

注意，系统在计算单体设备运营效率时，剔除了有功功率远超额定容量的运行数据（主变压器为 1.5 倍额定容量，线路为 1 倍额定容量），即在计算设备平均负荷时，此类数据未参与计算。

6.1.2.2 同层设备运营效率

以设备原值为权重，计算电网某一层级各个电压等级、各个设备类型（高压配电线路/主变压器/中压配电线路/配电变压器）整体运营效率。计算公式为

$$SER_i = \sum_{j=1}^{M_i} \theta_{ij} EER_{ij}$$

式中：M_i 为第 i 类设备的总数量；θ_{ij} 为第 j 个 i 类设备资产价值占该类设备总资产价值的权重（或者为第 j 个 i 类设计输送电量占该类设备总设计输送电量的权重），EER_{ij} 为第 j 个 i 类设备运营效率值。

注意，计算同层设备运营效率时，剔除了运营效率 0 或为空的设备。

6.1.2.3 配电系统运营效率

系统运营效率是以设备原值为权重，逐层计算电网资产运营效率。计算公式为

$$SER = \sum_{i=1}^{N} \omega_i SER_i$$

式中：N 为系统中设备层级个数（一般为 4，即包括高压线路、主变压器、中压线路、配电变压器），ω_i 为第 i 类设备资产价值（现值，下同）占系统总资产价值的权重（或者为第 i 类设备设计输送电量占系统设备总设计输送

电量的权重)，SER_i 为第 i 类设备基于经济运行的系统运行效率。

6.1.2.4 设备运营效率均衡度

均衡度评价模型用以衡量同层设备之间运营效率的相对均衡程度，公式中分子表示同层设备运营效率标准差，分母表示同层设备运营效率平均值。计算公式为

$$B_{EER} = e^{\left(-\dfrac{\sqrt{\dfrac{\sum\limits_{i=1}^{N}(EER_i-\overline{EER})^2}{N}}}{\overline{EER}}\right)}$$

$$\overline{EER} = \dfrac{\sum\limits_{i=1}^{N}EER_i}{N}$$

其中，e 为自然常数（约为 2.71828）。

均衡度相对较差与较好举例分别如图 6-2 和图 6-3 所示。

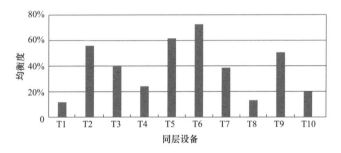

图 6-2　均衡度相对较差举例

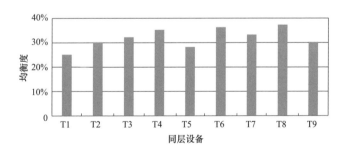

图 6-3　均衡度相对较好举例

6.1.2.5 系统运营效率协调度

通过对电网系统不同层级（分为高压配电线路、主变压器、中压配电线路、配电变压器）的运营效率进行方差计算和自然指数映射，形成系统层级间运营效率协调度。计算公式为

$$C_{SER}(Hierarchy) = e^{\left(\sqrt{\frac{\sum\limits_{i=1}^{N}(SER_i - \overline{SER})^2}{N}} \middle/ \overline{SER}\right)}$$

$$\overline{SER} = \frac{\sum\limits_{i=1}^{N} SER_i}{N}$$

其中，e 为自然常数（约为 2.71828）。

系统各层级设备间运营效率协调度模型如图 6-4 所示。

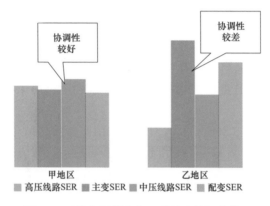

图 6-4 系统各层设备间运营效率协调度模型

6.1.3 分析案例

通过评价电网设备及系统运营效率、协调度，定量分析低效设备及不协调系统的分布规律和原因，提出更有针对性地解决措施及建议，进而提升电网设备乃至电网系统的运营效率。

6.1.3.1 设备运行效率评价

通过安全性和经济性两个角度对其运营效率进行分析评价，本节仅对设备运营效率低于 10% 的轻载情况进行评价分析。分析设备的总数、低效率设备数、低效率设备数量的占比情况，展示设备轻载的分布情况。

各设备类型低效设备占比如图 6-5 所示。

深入挖掘设备运营效率低的影响因素，主要原因为：设备处于故障、检修或停运状态占比 33%；新投、偏远地区、经济不景气或用户销户占比 31%；设备处于备用状态占比 29%；档案错误占比 4.76%；设备未匹配或匹配错误占比 2.24%。

低效设备原因占比如图 6-6 所示。

6.1.3.2 供电区域运行效率评价

通过综合所属线路及主变压器负载情况，对其进行分析评价，本节仅对供电区域运营效率低于10％的轻载情况进行评价分析。供电区域划分主要依据行政级别或规划水平年的负荷密度，并参考经济发达程度、用户重要程度、用电水平、GDP等因素确定为 A＋、A～E 六类。

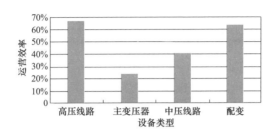

图 6-5　各设备类型低效设备占比图

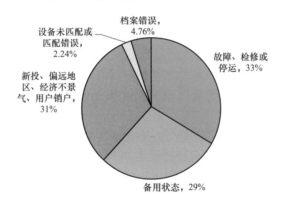

图 6-6　低效设备原因占比图

通过供电区域轻载运行评价分析，从地市单位、供电分区、片区类别、设备类别等维度分析研判低效率供电区域数量的变化趋势，趋势分析数据来源于运营效率低于10％的供电分区明细（见表 6-1）。

表 6-1　　　　　　　　　运营效率低于 10％的供电分区

地市单位	供电分区	片区类别	高压线	主变压器	中压线	配电变压器	总计
单位 2	区域 1	D 类	5.84％	7.06％	3.17％	3.79％	5.39％
单位 2	区域 2	D 类		3.26％	6.01％	7.77％	7.81％
单位 3	区域 3	D 类		5.85％	5.02％	4.12％	5.09％
单位 4	区域 4	D 类	7.35％		7.28％	6.12％	7.24％
单位 5	区域 5	B 类		9.65％	8.90％	3.79％	9.00％
单位 5	区域 6	C 类		4.96％	9.54％	9.38％	7.49％
单位 5	区域 7	C 类	4.94％	8.95％	1.06％	1.01％	5.92％
单位 5	区域 8	D 类	0.06％	8.39％	9.74％	7.42％	9.16％

地市单位	供电分区	片区类别	高压线	主变压器	中压线	配电变压器	总计
单位5	区域9	D类		7.84%	2.47%	8.42%	3.33%
单位5	区域10	D类		7.00%	0.42%	9.22%	3.03%
单位6	区域11	D类	5.51%	6.72%	6.36%	8.13%	8.69%

6.1.4 应用成效

基于大数据技术的运营效率分析，为配电网规划建设、物资采购、调度运行等关键业务环节提供辅助决策支持和精益化管理依据，对提升配电网运营效率具有重要的作用和意义。

（1）提出了大数据技术与配电网多元信息的融合、海量数据挖掘的分析方法，将配电网各平台数据进行了深度融合，构建了配电网运营效率评估体系，结合电网运营实际需求，实现业务监测、数据质量以及决策支撑功能。

（2）建立了配电网设备多维信息数据处理模型，该模型不但对单体设备、同层设备及配电系统三个层级进行评价，而且对不同层级设备的多维信息进行挖掘分析，实现了配电网运营效率评价从点到面、从定性到定量、从静态到动态评价的转变。

（3）配电网运营效率评价模型能够实现对配电网主设备及不同层级配电系统运行效率关键指标的量化评价，并为运行效率薄弱环节分析提供依据，为辅助决策提供理论支持。

（4）配电网运营效率评价与分析是评价模型的理论基础，以多源信息集成为数据基础，实现负荷评价、效率评价、决策支持等功能，为运行效率各项关键性能指标的评价与深度分析提供重要技术手段，实现对关键业务的有效支撑。

6.2 配电网供电能力评价

在配电网层面，其电网结构，负荷分布都较为容易进行人为规划，各地的基础条件相差不大，其主要影响因素为负荷特性。由于电网运行的复杂性，单一地从电线输送功率的角度评价电网运营效率的优劣，不能全面地反映电网规划、投资、运行整个周期效率的优劣。配电网供电能力评价方法，不仅能够对配电网运行情况及供电能力进行考核，还可以找出电网运行中的薄弱环节，制定降损节能措施，为配电网规划和改造提供可靠、详尽的理论依据，对提高电力企业的经济效益及社会效益具有重要的理论和现实意义。

6.2.1 分析与实现思路

配电网供电能力评价，需采集供电能力评价参数，根据设备负荷数据、档案数据开展设备本期、同期单体供电能力裕度计算，用于对电网供电能力的度量；分析配电网主设备供电能力、同层设备供电能力、同层设备供电能力均衡度、配电系统供电能力协调度，设定供电能力指标权重，用于体现所述供电能力基本指标在配电网供电能力评价中的相对重要程度；确定配电网供电能力评价标准，并判断所述供电能力基本指标是否满足配电网供电能力评价标准。从定性到定量在线计算与分析，结合实际业务主题评价点，从行政单位、供电分区和协调度等角度出发，根据电网绩效指标与底层明细数据的关联关系，快速定位存在问题的区域、设备层级，掌握电网运行的薄弱环节和风险点。

配电网供电能力评价建模思路如图 6-7 所示。

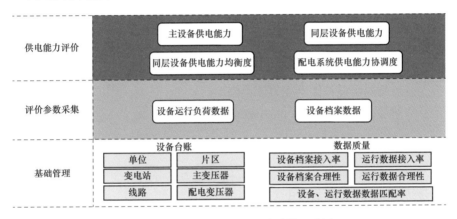

图 6-7　配电网供电能力评价建模思路图

6.2.2　分析方法模型

供电能力模型指的是在保证安全运行的前提下，电网所能承载负荷的能力。供电能力评价模型包括三类基础指标：最大供电能力（反映设备/系统总的最大可接入容量）、供电能力储备（反映在现有负荷水平下设备/系统还可接入的容量）、供电能力裕度（反映设备/系统还可接入的容量占总的可接入容量的比值）。

6.2.2.1　主设备供电能力

将 110kV 及以下设备分为 4 类设备：高压配电线路、主变压器、中压配电线路、配电变压器，针对这四类设备开展最大可供电能力、供电能力储备、供电能力裕度指标评价。以下是各类主设备供电能力评价模型计算公式。

（1）设备最大供电能力计算公式为

$$SC = kP_U$$

式中：SC 为设备最大可供电能力；P_U 为设备满足基本安全准则（如 $N-1$ 安全准则）及其他运行约束（如考虑电压约束、运行环境、检修维护要求等条件）时的最大可输送负荷；k 为过载系数，主变压器取 1.3，线路及配电变压器取 1；目前系统中 k 值默认为 1.2，各省可根据本省实际情况自行调整。

（2）设备供电能力储备模型计算公式为

$$SCR = SC - P_{\max}$$

式中：SCR 为设备供电能力储备；SC 为设备最大可供电能力；$P_{\max}$ 设备在评价周期内的最大负荷。

（3）供电能力裕度模型计算公式为

$$SCM = \frac{SCR}{SC}$$

式中：SCM 为设备供电能力裕度；SCR 为设备供电能力储备；SC 为设备最大可供电能力。

6.2.2.2　同层设备供电能力

同层设备分为高压配电线路、主变压器、中压配电线路、配电变压器 4 类，针对各类设备开展最大可供电能力、供电能力储备、供电能力裕度指标评价。以下是同层设备供电能力评价模型。

（1）同层设备总体最大可供电能力表示为

$$GSC_i = \sum_{j=1}^{M_i} SC_j$$

式中：GSC_i 为第 i 层设备总体最大可供电能力，分别对应高压配电线路、主变压器、中压配电线路和配电变压器；M_i 为第 i 类设备的总数量；SC_j 为第 j 个设备的最大可供电能力。

注意，计算地市公司最大可供电能力时用下辖区（县）公司的最大可供电能力叠加；计算省公司最大可供电能力时用下辖地市公司的最大可供电能力叠加。

（2）同层设备可供电能力储备表示为

$$GSCR_i = \sum_{j=1}^{M_i} SCR_j$$

式中：$GSCR_i$ 为第 i 层设备总体供电能力储备，分别对应高压配电线路、主变压器、中压配电线路和配电变压器；M_i 为第 i 类设备的总数量；SCR_j 为第 j 个设备的供电能力储备。

注意，计算地市公司最大可供电能力时用下辖区（县）公司的最大可供电能力叠加；计算省公司最大可供电能力时用下辖地市公司的最大可供电能力叠加。

（3）同层设备总体供电能力裕度为

$$GSCM_i = \frac{GSCR_i}{GSC_i}$$

式中：$GSCM_i$ 为第 i 层设备总体供电能力裕度，分别对应高压配电线路、变电站、中压线路和配电变压器。

（4）同层设备总体供电能力裕度均衡度：在计算同层设备裕度均衡度之前，需要对每个设备的供电能力裕度指标进行归一化处理，具体方法为

$$SCM'_{ij} = \frac{SCM_{ij} - a}{b - a}$$

$$a = \frac{kP_u/P_{1.0} - P_{max}/P_{1.0}}{kP_u/P_{1.0}}$$

$$b = 1$$

式中：a 和 b 由设备类型及 $kP_u/P_{1.0}$、$P_{max}/P_{1.0}$ 决定，参照表 6-2。

表 6-2　　同层设备总体供电能力裕度均衡度常量 a、b 取值范围表

设备类型	$kP_u/P_{1.0}$	$P_{max}/P_{1.0}$	取值下限（a）	取值上限（b）	区间长度（c）
高压线路	1.00	1.00	0.00	1.00	1.00
	0.50	1.00	−1.00	1.00	2.00
主变压器	1.30	1.50	−0.15	1.00	1.15
	0.65	1.50	−1.31	1.00	2.31
	0.87	1.50	−0.73	1.00	1.73
	0.98	1.50	−0.54	1.00	1.54
中压线路	1.00	1.00	0.00	1.00	1.00
	0.75	1.00	−0.33	1.00	1.33
	0.67	1.00	−0.50	1.00	1.50
	0.50	1.00	−1.00	1.00	2.00
配电变压器	1.00	1.50	−0.50	1.00	1.50

对于同层设备供电能力均衡度计算，归一化是为了将明细设备的供电能力裕度都分布在（−1，1）范围内，使之可以比较。

6.2.2.3　同层设备供电能力均衡度

同层设备供电能力裕度均衡度 BSCM（Balance of Supply Capacity Margin）表示为

$$BSCM_i = e^{\left(-\sqrt{\sum_{j=1}^{M_i} (SCM_j - \overline{SCM})^2 / M_i} / \overline{SCM_i} \right)}$$

式中：i＝1、2、3、4，分别对应高压线路、变电站、中压线路和配电变压器；M_i 为第 i 类设备的总数量；e 为自然常数（约为 2.71828）；SCM_j 为第 j 个 i 类设备的供电能力裕度。

$$\overline{SCM_i} = \sum_{j=1}^{M_i} SCM_j / M_i$$

注意，计算区域、县（区）、地市的同层设备供电能力均衡度时用以上公

式计算；计算省的同层设备供电能力裕度均衡度时可用地市的结果加权求和，权重为：各地市设备资产价值占全省设备资产价值的比例。

6.2.2.4　配电系统供电能力协调度

（1）各层设备最大可供电能力协调度 C_{GSC} 表示为

$$C_{GSC} = \sqrt{\sum_{i=1}^{N}(GSC_i - \overline{GSC})^2/N}/\overline{GSC}$$

$$\overline{GSC} = \sum_{i=1}^{N}GSC_i/N$$

式中：GSC_i 表示第 i 个层级的设备总体最大可供电能力，$i = 1$，2，3，4 分别对应高压线路、变电站、中压线路和配电变压器。计算区域、县（区）的系统最大可 A 供电能力协调度时，i 取 3 和 4，即只考虑中压线路和配变两类设备；计算地市的系统最大可供电能力协调度时，i 取 1、2、3、4，即考虑高压线路、变电站、中压线路和配电变压器四类设备；计算省的各层设备最大可供电能力协调度时，可用地市的结果加权求和，权重为各地市设备资产价值占全省设备资产价值的比例。

（2）各层设备间的供电能力储备协调度 C_{GSCR} 表示为

$$C_{GSCR} = \sqrt{\sum_{i=1}^{N}(GSCR_i - \overline{GSCR})^2/N}/\overline{GSCR}$$

$$\overline{GSCR} = \sum_{i=1}^{N}GSCR_i/N$$

式中：$GSCR_i$ 为第 i 个层级的设备总体供电能力储备，$i = 1$，2，3，4 分别对应高压线路、变电站、中压线路和配电变压器。计算区域、县（区）的系统供电能力储备协调度时，i 取 3 和 4，即只考虑中压线路和配变两类设备；计算地市的系统供电能力储备协调度时，i 取 1、2、3、4，即考虑高压线路、变电站、中压线路和配电变压器四类设备；计算省的各层设备供电能力储备协调度时可用地市的结果加权求和，权重为各地市设备资产价值占全省设备资产价值的比例。

（3）各层设备间的供电能力裕度协调度 C_{GSCM} 表示为

$$C_{GSCM} = e^{\left(-\sqrt{\sum_{i=1}^{N}(GSCM_i - \overline{GSCM})^2/N}/\overline{GSCM}\right)}$$

$$\overline{GSCM} = \sum_{i=1}^{N}GSCM_i/N$$

$$\overline{GSCM} = \sum_{i=1}^{N}GSCM_i/N$$

式中：$GSCM_i$ 为第 i 个层级的设备总体供电能力裕度，$i = 1$、2、3、4，分别对应高压线路、变电站、中压线路和配电变压器。计算区域、县（区）

的系统供电能力裕度协调度时，i 取 3 和 4，即只考虑中压线路配变两类设备；计算地市的系统供电能力裕度协调度时，i 取 1、2、3、4，即考虑高压线路、变电站、中压线路和配电变压器四类设备；计算省的各层设备供电能力裕度协调度时可用地市的结果加权求和，权重为：各地市设备资产价值占全省设备资产价值的比例。

6.2.2.5 供电能力裕度过大/小情况

供电能力裕度过大指设备供电能力裕度大于 80%。供电能力裕度过小指设备供电能力裕度小于 20%。

各单位配变供电能力裕度过大设备占比如图 6-8 所示，各单位中压线路供电能力裕度过大设备占比如图 6-9 所示。

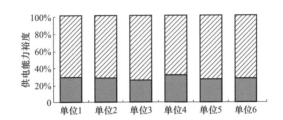

图 6-8　各单位配变供电能力裕度过大设备占比图

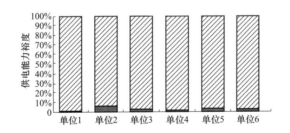

图 6-9　各单位中压线路供电能力裕度过大设备占比图

6.2.3　分析案例

通过对主变压器、线路重过载的发生情况来评估供电能力指标，从而为业务部门提供有效的数据支撑。以下为线路负荷及重过载评价分析实例。

6.2.3.1 重过载评价

气温的升高、降雨等气象原因会使用电负荷急剧增加，导致设备重过载现象的发生，影响设备的正常运行。本节通过对线路负荷在不同时段随气温的变化趋势以及重过载发生状况进行评价分析，推断负荷变化的原因，掌握负荷变化的趋势，同时在高温天气、雨季时段等恶劣的自然条件下给予合理的建议，可以辅助运维检修人员合理安排故障抢修时间，提高供电服务水平。

6.2.3.2 线路负荷评价

线路负荷评价可按 2 种维度、2 种量度对本月负荷数据进行趋势分析,分析研判线路负荷值随气温的变化趋势,如图 6-10 所示。

维度:①"评价日期"取自"评价日期"列;②"线路名称"取自"所属线路"列;

量度:①"最高气温"取自"最高气温"列;②"最大负荷值"取自"最大负荷值(MW)"列。

线路负荷趋势分析:从气温与负荷的整体变化趋势上来看,二者呈正相关性变化。

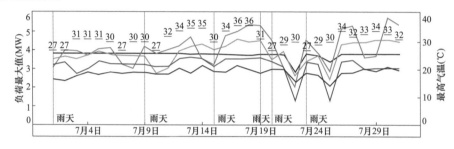

图 6-10 线路负荷变化趋势图

6.2.3.3 线路重过载评价

线路重过载评价可按 2 种维度、2 种量度对本月线路重过载进行趋势分析,如图 6-11 所示。

维度:①"线路名称"取自"所属线路"列;②"评价日期"取自"评价日期"列;

量度:①"线路条数"取自"重载"或"过载"线路条数汇总值;②"重载次数"取自线路"重载"或"过载"次数的总和。

线路重过载趋势分析:通过评价分析发现线路重过载情况随气温的变化明显,线路负荷过载情况集中出现在高温天气时段,并且最高气温为 36℃时重载线路条数也达到最多的 12 条。

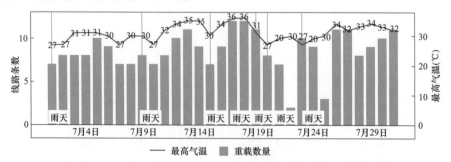

图 6-11 线路重过载变化趋势详情图

6.2.4 应用成效

本节提供一种配电网供电能力评价方法，同时提供一种配电网运行情况考核方式，可以定位电网运行中的薄弱环节，制定降损节能措施，为配电网规划和改造提供可靠、详尽的理论依据，对提高电力企业的经济效益及社会效益具有重要的理论和现实意义。

（1）设定供电能力基本指标权重，体现所述供电能力基本指标在配电网供电能力评价中的相对重要程度；确定配电网供电能力评价标准，并判断所述供电能力基本指标是否满足配电网供电能力评价标准。

（2）通过基于配电网供电能力业务明细数据的监测，推动业务系统数据缺失及应用问题的改进。

（3）提升供电能力监测预警的层级。重过载预测结果整体较优，重过载整治效果明显，有效降低重过载导致的频繁停电投诉，配电网管理水平明显提升。

（4）有效促进基于配电网供电能力的跨专业协同效率。结合设备的整体运行情况，对改造计划的优先级别或重要程度提出建议，推动制定更加合理的配电网改造计划，提高配电网精益化管理水平。

6.3 配电网降损动态评价

基于城市配电网的特点和分布式电源普及率的提高，本章研究了城市配电网的损耗降低问题。不仅考虑了分布式电源和负载的随机波动，而且将能效负荷管理技术、空调负荷、照明负荷和可控制能效负荷中的热水器负荷作为研究对象，分析了其对各种影响因素的敏感性。还建立了空调、照明和热水器可控能效负荷的数学模型，实现了综合降损措施的数学模块，并采用了改进的和声搜寻算法，进行了优化的负载管理。此外，通过对某城市实际配电网的分析和计算，验证了研究方法的正确性和优越性，并分析了优化能源管理技术对配电网网络损耗的影响。

6.3.1 配电网降损评价分析模型

电力需求侧管理是对电力用户侧能耗模式进行有效管理，通过适当降低峰值负荷和补充低谷负荷，间接提高供电可靠性，以节省能源，减少损失。

分析用户用电现状，可知用电不合理行为造成电力资源严重浪费，具有较大的降负荷潜力。

6.3.1.1 空调负荷数学模型

由于空调工作时，室内温度与室外温度、太阳辐射、室内通风、室内设备、人员等诸多因素有关，在对空调负荷进行建模之前需要简化，室内物体蓄热、室内气体流动、室内人员散热等因素将被忽略。在此基础上，建立了空调功率和室温模型如下。

当空调关闭时，表示为

$$T_{\mathrm{in}}^{t+1} = T_{\mathrm{out}}^{t+1} - (T_{\mathrm{out}}^{t+1} - T_{\mathrm{in}}^{t})\varepsilon_{\mathrm{air}}$$

$$P_{\mathrm{air}}^{t} = 0$$

当空调打开时，表示为

$$T_{\mathrm{in}}^{t+1} = T_{\mathrm{out}}^{t+1} - \eta_{\mathrm{air}}\frac{P_{\mathrm{air}}^{t+1}}{A_{\mathrm{air}}} - \left(T_{\mathrm{out}}^{t+1} - \eta_{\mathrm{air}}\frac{P_{\mathrm{air}}^{t+1}}{A_{\mathrm{air}}} - T_{\mathrm{in}}^{t}\right)\varepsilon_{\mathrm{air}}$$

$$P_{\mathrm{air}}^{t} = P_{\mathrm{air.\,w}}$$

式中：T_{in}^t 是 t 时刻的室内温度；T_{out}^t 是 t 时刻的室外温度；$\varepsilon_{\mathrm{air}}$ 为散热功能系数，η_{air} 为空调的能效比；A_{air} 表示导热系数，单位为 $1/(\mathrm{kW \cdot {}^\circ C^{-1}})$；$P_{\mathrm{air}}^t$ 为 t 时空调的耗电量；$\eta_{\mathrm{air}}\, p_{\mathrm{air}}^t$ 为空调的冷却能力；$P_{\mathrm{air.\,w}}$ 为空调开启时的额定功率。

6.3.1.2 照明负荷数学模型

考虑到用户的照明舒适性，照明负荷 P_{lig} 分为不可控的必要照明 $P_{\mathrm{lig.\,uc}}$ 和可控的不必要照明 $P_{\mathrm{lig.\,c}}$，与空调系统不同的是，照明系统的功率仅与本期外部光有关。因此，在此期间照明系统中可控负荷部分的照明功率可以表示为

$$P_{\mathrm{lig}}^t = P_{\mathrm{lig.\,uc}}^t + P_{\mathrm{lig.\,c}}^t = \alpha_{\mathrm{uc}}P_{\mathrm{lig.\,w}}^t + \alpha_{\mathrm{c}}P_{\mathrm{lig.\,w}}^t$$

式中：$P_{\mathrm{lig.\,w}}^t$ 为照明系统的总功耗；$P_{\mathrm{lig.\,uc}}^t$ 为照明期间必要的照明功率消耗；α_{uc} 表示必要的照明消耗负荷与照明总消耗负荷之比。此外，$P_{\mathrm{lig.\,c}}^t$ 为照明期间不必要照明的额定功率，即可控部分的功率；α_{c} 为不必要照明与总照明负荷的比值。

6.3.1.3 热水器负荷数学模型

电热水器的能耗是通过计算加热水的能耗和热水的散热能量来确定的。此外，散热能耗主要是指电热水器连续运行时因散热引起的能量损失，热水器在单位时间内的热量损失为

$$Q_{\mathrm{loss}}^{t+1} = h_{\mathrm{water}}s\Delta T^{t+1} = h_{\mathrm{water}}s(T_{\mathrm{water}}^t - T_{\mathrm{in}}^{t+1})$$

式中：Q_{loss}^t 为时间 t 内热水器的热量损失；h_{water} 指水箱的热对流传递系数，s 表示电热水器的等效散热面积；ΔT 为内部水温与热水器外部温度之间的温差；T_{water}^t 为水箱内热水温度；T_{in}^t 为室内温度。

热水炉提供给水箱的单位时间为

$$Q_{\mathrm{hot}}^t = P_{\mathrm{water}}^t \tau$$

式中：Q_{hot}^t 是单位周期内产生的热量；P_{water}^t 代表开启热水器时的功率；τ 是指时间间隔，一般为 15min。

根据热容公式 $Q_{\mathrm{water}} = c_{\mathrm{water}}m_{\mathrm{water}}\Delta T_{\mathrm{water}}$，水温变化公式可表示如下。

当它打开时，就会有

$$T_{\text{water}}^{t+1} = T_{\text{water}}^{t} + \frac{P_{\text{water}}^{t+1}\tau - h_{\text{water}}s(T_{\text{water}}^{t} - T_{\text{in}}^{t+1})}{c_{\text{water}}m_{\text{water}}}$$

$$P_{\text{water}}^{t} = P_{\text{water·w}}$$

当它关闭时，就会有

$$T_{\text{water}}^{t+1} = T_{\text{water}}^{t} - \frac{h_{\text{water}}s(T_{\text{water}}^{t} - T_{in}^{t+1})}{c_{\text{water}}m_{\text{water}}}$$

$$P_{\text{water}}^{t} = 0$$

式中：m_{water} 为水箱中水的质量；C_{water} 为水的比热容，$c_{\text{water}} = 4.2103$；$\Delta T_{\text{water}}$ 为水箱中的水吸收热量 Q_{water} 后升高的温度。

6.3.2 分析方法模型

本章在传统损耗降低措施和能效负荷管理技术的基础上，研究了配电网损耗与网络重建、无功补偿和需求响应相结合的有源配电网综合优化损耗降低模型。

6.3.2.1 目标功能

本书综合考虑了 DG 配电网的网络损耗、开关次数、能效负荷优化管理和无功补偿电压偏移指数，建立了配电网损耗综合优化的数学模型，目的是在一定时间内将成本最小化。

$$\min f = \lambda_1 f_1 + \lambda_2 f_2 + \lambda_3 f_3 + \lambda_4 f_4 + \lambda_5 f_5$$

式中：f_1 为能效负荷管理综合成本；f_2 为网络损耗；f_3 为变压器损耗；f_4 为电压偏移；f_5 为开关操作成本；λ_1、λ_2、λ_3、λ_4、λ_5 为各指示器与总目标函数之间的偶差转换系数。此外，参数大小可由决策者根据实际情况确定。

（1）综合用户用电成本的能效负荷管理。根据用户用电负荷和当前电价的数学模型，建立了住宅能效负荷电费的函数，即

$$f_1 = \sum_{t=1}^{M} p^t \tau s^t$$

$$p^t = p_{\text{air}}^t + p_{\text{water}}^t + p_{\text{lig}}^t$$

式中：p^t 表示空调、照明和热水器负荷的总功耗；S^t 为当时电价；τ 为根据实际需要选择的优化时间间隔。

（2）含分布式电源的配电网损耗。含分布式电源的配电网损耗的表达式为

$$f_2 = \sum_{i=1}^{N} k_i r_i \frac{(P_i - P_{DGi})^2 + (Q_i - Q_{DGi})^2}{|V_i|^2}$$

式中：N 为分支的总数；k_i 为分支 i 上的开关状态，它只有 0 和 1 两个值，当打开时，$k_i = 0$，当关闭时，$k_i = 1$；r_i 为树枝阻力，P_i 为分支 i 的有功功率，Q_i 为分支 i 的无功率；P_{DGi} 为分支 i 的有功功率；Q_{DGi} 为分支 i 的无功

率，V_i 代表分支 i 末端节点的电压幅值。

（3）变压器损耗。变压器损耗包括空载损耗 p_0 和短路损耗 p_k，受其后端有功负荷和无功负荷变化的影响，以及系统网络损耗的变化，可表示为

$$f_3 = p_o + \beta^2 p_k$$

（4）无功补偿电压偏移指数。配电网电压与无功功率相互影响，局部无功功率不足时，电压会下降，因此无功补偿对损耗降低的贡献可以通过减小电网电压波动来表示，即

$$f_4 = \sum_{i=1}^{n} \left(\frac{\Delta U_i}{U_{i,\max} - U_{i,\min}} \right)$$

式中：ΔU_i 为节点 i 的压降；$U_{i,\max}$ 为节点 i 的最大电压；$U_{i,\min}$ 为节点 i 的最小电压。

（5）切换时间。由于配电网的交换过程也会对网络损耗造成影响，其相应的交换过程也会造成相应的损耗，因此开关操作的数量越少，运行成本就越低。开关的开关次数可以表示为

$$f_5 = \sum_{i=1}^{m} O_i$$

式中：m 为接触开关数量；$O_i = 1$，表示重建过程中接触开关状态 i 发生了变化；$O_i = 0$ 表示重建过程中接触开关状态 i 保持不变。

6.3.2.2 约束条件

（1）电压限制。根据 ANSIC84.1，电压幅值应保持在标准值的 5% 以内，节点 i 的电压约束为

$$U_i^{\min} \leqslant U_i \leqslant U_i^{\max}$$

（2）电流限制。电流约束为

$$I_{ij} \leqslant I_{ij}^{\max}$$

式中：I_{ij} 为电流值；$I_{ij}^{\max}$ 为最大允许电流值。

（3）能源效率负荷管理的制约因素。对于空调负荷，优化前后室温差异不能超过允许值，必须满足的约束条件为

$$\varepsilon_{\min} \leqslant T_{\mathrm{id}}^t - T_{\mathrm{id},0}^t \leqslant \varepsilon_{\max}$$

式中：$T_{\mathrm{id},0}^t$ 为优化前室内温度；T_{id}^t 指优化后的室内温度。

与空调负荷类似，热水器负荷优化前后水箱水温差不能超过允许值，必须满足的约束条件为

$$\eta_{\min} \leqslant T_{\mathrm{water}}^t - T_{\mathrm{water},0}^t \leqslant \eta_{\max}$$

式中：$T_{\mathrm{water},0}^t$、T_{water}^t 分别表示优化前后的水温。

负荷优化前后损耗功率的差值来表示照明负荷的亮度变化，必须满足的约束为

$$\mu_{\min} \leqslant P_{\mathrm{light}}^t - P_{\mathrm{light},0}^t \leqslant \mu_{\max}$$

式中：$P^t_{\text{light},0}$、P^t_{light}分别表示不超过允许偏差的优化前后的水温。

6.3.2.3　改进优化算法

由于改进的和声搜寻算法具有较强的鲁棒性和牢固性，因此采用改进的和声搜索算法求解综合优化损失约简模型，具体过程如下：融合遗传算法、和声搜索算法和精英保留策略，以保留群体中相对杰出的个体；在和声搜索过程中增加交叉操作和变异操作，以确保解决方案的多样性，以防止出现搜寻局部最优解；对算法中重要参数进行动态优化。图 6-12 为改进的和声搜索算法的求解过程。

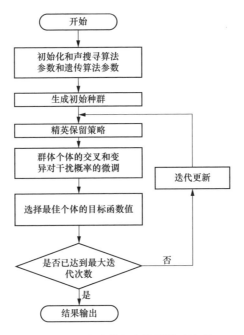

图 6-12　改进的和声搜寻算法流程

在和声搜索算法的早期阶段，小的微调扰动概率 PAR 可以增强算法的局部搜索能力，提高算法的速度，在算法的后期，较大的微调扰动概率 PAR 可以避免仅仅得到局部最优性结果。在算法执行的不同阶段，不同的参数对搜寻效果有不同的影响，因此，本书对微调扰动概率 PAR、微调振幅 bw 和记忆保持概率 HMCR 参数进行了动态调整。调整过程的计算公式为

$$PAR(n) = \frac{2}{\pi}(PAR_{\max} - PAR_{\min}) \times \arctan(n) + PAR_{\min}$$

$$bw(n) = bw_{\max} - \frac{bw_{\max} - bw_{\min}}{T} \times n$$

$$HMCR(n) = HNCR_{\max} - \frac{HMCR_{\max} - HMCR_{\min}}{T} \times n$$

式中：n 是当前迭代次数；PAR（n）表示相应的微调扰动概率；PAR_{max}、PAR_{min} 分别表示微调扰动概率的上限和下限；bw（n）是相应的谐波微调幅度；bw_{max}、bw_{min} 分别表示谐波微调幅度的上限和下限；$HMCR$（n）是相应的记忆保留概率。此外，$HMCR_{max}$、$HMCR_{min}$ 分别是内存保留概率的上限和下限，T 是迭代次数的上限。

6.3.3 应用成效

基于上述研究成果，某单位通过配电网降损动态评价开展配电网监测分析工作。在此基础上，通过大数据分析研究，优化损耗降低措施，对某市 10kV 配电网进行了网络损耗计算，并与传统方法进行了计算结果比较，在相同条件下，用不同的方法计算该地区 10kV 配电网的平均损耗情况见表 6-3 所示。

表 6-3　　　　　某市 2019 年 10kV 配电网网损计算结果

算法	网损（kW）	最小节点电压（标幺值）	电压偏移
正常情况	64.7913	0.9790	0.0026
无功补偿与重建	35.0154	0.9861	0.0010
项目采用的方法	34.6127	0.9874	0.0009

从表 6-3 可以看出，2019 年该市配电网的平均损耗值从原来的正常条件下的 64.7913kW 大大降低到 34.6127kW，下降了 42.67％。此外，最小节点电压从 0.9790 增加到 0.9874，电压偏移从 0.0026 下降到 0.0009，配电网的可靠性也得到了很大的提高。综合损耗降低措施不仅有效地降低了网络损耗，而且优化了配电网的质量。

6.4　配电网运营评价分析模型优化

发展配电网的当务之急是提高投入产出效率，集中解决突出问题。实现配电网运行效率在线监测，在线诊断配电网运行效率情况，为配电网规划、配电网运行等工作提供有效决策支撑。基于配电网 N-1 安全准则和设备经济运行思想，对配电系统运行效率评价模型进行优化，提出相关辅助分析思路和方法。通过建立配电网主设备运行效率（EER）评价模型、配电系统运行效率（SER）评价模型、配电系统运行效率协调度模型数学模块，对以上数学模块进行优化，验证了研究方法的正确性和优越性，分析应用配电网运营效率，为电网安全运行提供参照依据。

6.4.1 分析与实现思路

以设备满足基本安全准则（如 $N-1$ 安全准则）及其他安全约束时（如考

虑运行环境、检修维护要求等条件）的最大可输送负荷 P_U 为上限（此时 P_U 称为设备的安全运行限值），以设备经济运行区间下限（或轻载时所对应的负荷值）P_D 为下限，将设备的负荷持续曲线分为三段，即超过 P_U 的部分、介于 P_U 与 P_D 之间的部分。

一般认为，在理想状况下，当设备持续运行在 P_U 时，具有最佳的运行效率。当低于 P_U 运行时，没有充分利用设备在安全运行限值下的可用容量；当高于 P_U 运行时，设备具有潜在的安全风险，运行调度方面可能违背了基本的安全运行规定。只有当设备运行在 P_U 时，既满足了安全运行规定，同时也充分利用了设备在安全运行限值下的可用容量，此时具有最佳的运行效率。因此，可认为只有当设备持续运行在 P_U 时的效率值为 1，低于或高于 P_U 时，都应进行一定程度的"惩罚"。

6.4.2 分析方法模型

6.4.2.1 配电网主设备运行效率 （EER） 评价模型优化

通过评判设备实际负荷持续曲线与 P_U 的偏离程度，来衡量设备经济运行效率，偏离程度越高，效率越低，反之效率越高。设计运行效率评价模型如图 6-13所示。

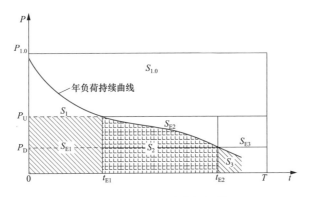

图 6-13　设计运行效率评价模型

$S_{1.0}$——评价周期内设备的最大设计可输送电量（综合考虑设备额定容量、运行环境、检修维护要求等条件，不涉及 $N-1$ 安全准则），$S_E/S_{1.0}=P_U/P_{1.0}$ 即为设备满足安全运行限值的最大负载率；$P_{1.0}$——综合考虑设备额定容量、运行环境、检修维护要求等条件下的最大可输送负荷（不涉及 $N-1$ 安全准则）；对于不强制要求满足 $N-1$ 安全准则的设备（例如 E 类供电区中的单辐射线路），$P_U=P_{1.0}$

$$EER = \left(\frac{S_{E1}}{S_1}\right) \cdot \rho_1 + \left(\frac{S_2}{S_{E2}}\right) \cdot \rho_2 + \left(\frac{S_3}{S_{E3}}\right) \cdot \rho_3$$
$$= r_1 \cdot \rho_1 + r_2 \cdot \rho_2 + r_3 \cdot \rho_3$$

式中：S_j 为评价周期内设备运行在第 j（$j=1$，2，3）段的实际供电量（应扣除承担负荷转供任务的时间段内输送的电量），$S=S_1+S_2+S_3$ 为评价周期内设备的实际供电量；S_{Ej} 为评价周期内设备在第 j（$j=1$，2，3）段中满足安全运行限值的最大可输送电量（应扣除承担负荷转供任务的时间段内最大可输送电量），$S_E=S_{E1}+S_{E2}+S_{E3}$ 为评价周期内设备满足安全运行限值的最大可输送电量；ρ_j 为设备运行在第 j（$j=1$，2，3）段的效率权重系数，即设备第 j 段持续供电时间占评价周期的比重（或设备第 j 段最大可输送电量占评价周期内最大可输送电量的比重）；r_j 为评价周期内设备在第 j（$j=1$，2，3）段所对应的运行效率评价单项分解指标；T 为评价周期（应扣除承担负荷转供任务的时间）。

通过推导，可进一步写为

$$EER = \frac{\dfrac{S_{E1}^2}{S_1} + S_2 + S_3}{S_{E1} + S_{E2} + S_{E3}}$$

容易证明，以上公式必定是一个小于等于 1 的数，仅在 $S_1=S_{E1}$，$S_2=S_{E2}$ 且 $S_3=S_{E3}$ 时才为 1，此时设备的负荷持续曲线是一条与 P_U 重合的直线。该式还可进一步推导为

$$EER = \frac{\sum\limits_{j=1}^{3} S_j}{\sum\limits_{j=1}^{3} S_{Ej}} - \frac{S_1^2 - S_{E1}^2}{S_1 \sum\limits_{j=1}^{3} S_{Ej}}$$

$$= \frac{S}{S_E} - \frac{S_1^2 - S_{E1}^2}{S_1 \cdot S_E}$$

$$= \frac{S}{S_E} - \rho_1 \cdot \left(\frac{S_1}{S_{E1}} - \frac{S_{E1}}{S_1} \right)$$

式中，第一项称为设备"基于安全运行限值的平均负载率"，其中已经隐含了对设备轻载的"惩罚"；第二项称为"安全风险惩罚因子"，可见其只与设备负荷持续曲线的第 1 段有关，该因子仅在设备超出其安全运行限值运行时才不为 0，其他情况下均为 0。

可见，在计算设备运行效率时，只需计算基于安全运行限值的平均负载率和安全风险惩罚因子即可。但考虑到后续分析工作，仍需进行分解，并保存中间结果，这样可为运行效率偏差成因分析奠定基础。

6.4.2.2　配电系统运行效率（SER）评价模型优化

进行配电系统运行效率（SER）评价模型优化的公式为

$$SER = \sum_{i=1}^{N} \omega_i SER_i$$

$$SER_i = \sum_{j=1}^{M_j} \theta_j EER$$

式中：N 为系统中设备层级个数（一般为 5，即包括高压线路、主变压器、中压线路、配电变压器及低压线路）；ω_i 为第 i 类设备资产价值（现值，下同）占系统总资产价值的权重（或者为第 i 类设备设计输送电量占系统设备总设计输送电量的权重）；SER_i 为第 i 类设备基于经济运行的系统运行效率；M_j 为第 j 类设备的总数量；θ_j 为第 j 个 i 类设备资产价值占该类设备总资产价值的权重（或者为第 j 个 i 类设计输送电量占该类设备总设计输送电量的权重）；EER_j 为第 j 个 i 类设备效率值。

6.4.2.3 配电系统运行效率协调度模型优化

协调度用来衡量某一配电系统内各层级之间的运行效率的平整度。可以在依据"短板理论（水桶效应）"对配电系统各层级效率进行分析时，量化"卡脖子"问题的程度。

当"卡脖子"最严重时，也就是某一设备层级的运行效率为 0 时，协调度最低，趋近于 0；当各层级运行效率接近时，协调度最高，趋近于 1。因此协调度即要反映平整度，也突出反映出各层级中的"短板"现象。根据"短板"的程度可以衡量出各设备层级"有效"的运行效率。

配电系统运行效率协调度模型为

$$C_{SER}(Hierarchy) = \frac{\sum_{i=1}^{N} LUER_i}{\sum_{i=1}^{N} SER_i}$$

$$LUER_i = SER_{\min}$$

式中：N 为参与协调度评价的设备层数；$SER_{\min}$ 为参与协调度评价的所有设备层级中运行效率的最低值；$LUER_i$ 的业务含义为本设备层级中的"有效"运行效率（Level Useful Efficiency Ratio）。

6.4.2.4 配电系统设备间均衡度模型优化

（1）某一配电系统层级内部单体设备之间。均衡度用来衡量某一配电系统内同层设备之间，效率值的平整度。可以从一个侧面反映出该配电系统内是否存在严重的设备效率不平衡问题。

当参与评价的所有同层设备效率值非常接近时，认为均衡度高，趋近于 1；当设备间效率差异很大时，认为均衡度低，趋近于 0。

配电系统同层设备间均衡度（Level Balance Ratio，LBR）模型为

$$LBR = \frac{\sum_{i=1}^{N} EER_i \theta_i - \sum_{i=1}^{N} |EER_i \theta_i - \overline{EER}|}{\sum_{i=1}^{N} EER_i \theta_i}$$

$$\overline{EER} = \frac{\sum_{i=1}^{N} EER_i \theta_i}{N}$$

式中：N 为某一层级内设备的个数。θ_i 为第 i 个设备资产价值占该类设备总资产价值的权重；资产较高的设备，对均衡度的影响较大。EER_i 为第 i 个设备的效率值。

（2）配电系统整体。由于跨设备层级之间的设备运行效率是否相近，业务意义不明显，因此评价一个配电系统整体的效率均衡度，是基于该配电系统内各个设备层级的均衡度加权得出。

配电系统整体均衡度（System Balance Ratio，SBR）模型为

$$SBR = \sum_{i=1}^{N} \omega_i LBR_i$$

式中：N 为系统中设备层级个数（一般为5，即包括高压线路、主变压器、中压线路、配电变压器及低压线路）；ω_i 为第 i 层设备资产价值占总资产价值的权重；LBR_i 为第 i 层级设备的均衡度。

6.4.3　应用成效

基于上述研究成果，某单位开展配电网监测分析工作。其中根据台区负荷信息，监测台区空载、轻载、重载、过载、过载与低电压同时发生、过载与三相不平衡同时发生等情况。完善台区监测指标，提高台区监测效率。进一步挖掘配电网线路运行过程中存在的频繁重过载、连续重过载线路，预测即将重载的可能性。

通过大数据挖掘配电网设备在运行过程中存在的频繁重过载、连续重过载等问题，分析监测异常设备运行数据。该项目已在某地区进行广泛应用，经各单位统计，2019 年累计避免 782 条配电线路故障停电，有效避免 73 条配电变压器故障，配电变压器、线路抢修成本按 2 万/次计算；则有效减少运行成本 1710 万元；应用范围内停电时户数同比减 74120 时户，取工商业、一般居民平均一户功率 100kW，停电综合损失按 2 元/kWh 核算，则减少停电损失 1482 万元。城区配电网各项指标均得到大幅提高。

参 考 文 献

[1] 李彦生. 主动配电网分布式电源规划分析与研究 [J]. 电子设计工程，2021，29（12）：14-18.

[2] 韩田蕾. 基于分布式电源的主动配电网规划关键问题研究 [J]. 中小企业管理与科技（中旬刊），2021（05）：124-125.

[3] 毕月. 智能配电网的研究和发展探讨 [J]. 科技经济导刊，2021，29（08）：38-39.

[4] 赵春雷. 电力市场环境下智能配电网的发展分析 [J]. 科技创新与应用，2020（34）：46-48.

[5] 张传坤，牛文东，赵舒铭，张远镇，等. 配电网的未来发展之路 [J]. 国网技术学院学报，2019，22（06）：21-23.

[6] 钟悦. 大数据技术在主动配电网中的应用研究 [J]. 电子元器件与信息技术，2020，4（04）：166-167.

[7] 金旭洁，陈盛. 关于智能配电网大数据应用技术与前景分析 [J]. 无线互联科技，2020，17（10）：34-35.

[8] 何胤. 基于蚂蚁算法的配网检修策略研究与应用 [D]. 广东工业大学，2019.

[9] 池建昆，韩少卿. 电网检修的作业成本法应用 [J]. 新理财，2020（07）：45-47.

[10] 蒋茜. 营销活动的成本分析方法及其应用研究 [D]. 广西大学，2006.

[11] 胡俊红. 营销活动的概率统计模型构建及运用 [J]. 市场研究，2020（05）：70-71.

[12] 宋金珉. 企业营销成本预算管理研究 [D]. 青岛大学，2010.

[13] 万静滢. 供电企业配电网投资效益评价理论与实证研究 [D]. 北京：华北电力大学，2017.

[14] 王昌盛. 论投资规划与投资策略 [J]. 经济师，2019（05）：208.

[15] 张一凡，李家辰，旷远有，刘盼，等. 基于 K 均值聚类的视频关键帧提取技术研究 [J]. 电脑与信息技术，2021，29（01）：13-16.

[16] 周召伟. 配网运行的缺陷分析及解决办法 [J]. 中国新技术新产品，2016（13）：81-82.

[17] 朱晓岭，梁东，宗瑾，等. 配电网运行状态健康评估体系研究 [J]. 广东电力，2018，31（4）：119-124.

[18] 王庆，周名煜，王承民，刘涌，等. 考虑用户行为及户均容量优化的配变容量规划 [J]. 电气自动化，2016，38（06）：44-46＋57.

[19] 王旭东，郝晓伟，竹瑞博，陈伟，等. 基于配网可视化系统的配变重过载预测算法研究 [J]. 中国科技信息，2021（06）：84-85.

[20] 崔恒志，王翀，吴健. 基于数据中台的数据资产管理体系 [J]. 计算机系统应用，2021，30（03）：33-42.

[21] 李永，王晶，刘强. 基于配用电大数据的供电电压监测与分析研究 [J]. 电子元器件与信息技术，2020，4（07）：137-138.

[22] Daniel T. Larose, Chatal D. Larose. 数据挖掘与预测分析. 王念滨，宋敏，裴大

茗. 2 版. ［M］. 北京：清华大学出版社，2017.

［23］ 俞智浩. 基于智能台区的配电网经济运行及优化高级分析系统［J］. 农村电气化，
2019（12）：35-36.

［24］ 白建海，张建民，弓俊才，秦风圆，等. 低压配电网台区健康状态综合评价与分析
方法及应用［J］. 信息记录材料，2018，19（06）：204-206.

［25］ 孟军，施萱轩，陈中，等. 配电网故障抢修驻点选址与抢修任务分配优化策略
［J］. 广东电力，2018，31（3）：120-126.

［26］ 梁志锋. 配电网故障分析与预测系统的应用研究［J］. 科技创新与应用，2016
（33）：179.

［27］ 李童飞，舒小雨，胡梓锡，等. 基于支持向量回归和统计分析的配网故障分区预测
模型［J］. 科技风，2016（18）：13-14.

［28］ 黄文思，郝悍勇，李金湖，等. 基于决策树算法的电力客户欠费风险预测［J］. 电
力信息与通信技术，2016（1）：19-22.

［29］ 陈羽中，郭松荣，陈宏，等. 基于并行分类算法的电力客户欠费预警［J］. 计算机
应用，2016，36（6）：1757-1761.

［30］ 陈佩莉，钱毅慧，潘勤，等. 基于交费大数据的电力用户欠费风险等级研究［J］.
自动化技术与应用，2019，38（1）：54-57.

［31］ 赵雅迪，吴钊，李庆兵，等电费回收风险预测的大数据方法应用［J］. 电信科学，
2019，35（2）：131-139.

［32］ Farid Hamzeh Aghdam, Sina Ghaemi, Navid Taghizadegan Kalantari. 基于多微电
网的智能配电网在排放约束和清洁生产条件下能量管理的损耗最小化评价［J］. 清
洁生产杂志. 2018.

［33］ 刘继亭. 电网节能降耗总体规划研究［J］. 中国战略性新兴产业. 2017（44）：
74-81.

［34］ 张阳，周义辉，苗立峰. 电力系统配电线路节能降损技术［J］. 中国管理信息化.
2017（18）.

［35］ 宣慧波. 城市 10kV 电网节能降耗技术措施［J］. 黑龙江科技信息. 2017（01）：
23-27.

［36］ 范伟. 电网改造中的配电网节能降耗策略［J］. 低碳世界. 2017（02）：47-53.

［37］ 肖德福. 农村电网节能降耗现状分析及对策［J］. 科技创新与应用. 2017（16）：
127-131.

［38］ 吴胜玉. 配电线路节能降耗技术应用效果分析［J］. 低碳世界. 2017（15）：
223-229.

［39］ 蔡晓雯. 谈阳春供电局节能降耗工作［J］. 科技信息. 2018（33）：12-18.

［40］ 刘东，张宏，王建春. 主动配电网技术研究现状综述［J］. 电力工程技术. 2017
（04）：67-72.